跟孩子一起玩编程

Python编程快速入门

邵红祥
编著

化学工业出版社
·北京·

编程已经成为21世纪人们应掌握的一项重要技能，随着人工智能技术的发展以及STEAM教育理念的推广和普及，青少年编程市场也越来越火热，学习编程可以锻炼孩子的逻辑思维能力。

Python作为时下最流行的编程语言，语法简洁清晰，应用广泛，特别适合初学者学习编程使用。本书通过生动有趣的例子、通俗易懂的语言，介绍了Python编程的基本方法和技巧，主要包括编程环境、变量、语法等基础知识，选择结构、循环结构、函数、对象、模块、海龟绘图等进阶知识，并通过实际案例加以运用；【资料卡片】和【动手试试】等环节有助于将所学延伸拓展，举一反三。

本书非常适合6～14岁的孩子作为编程入门读物学习使用，家长带着孩子一起边学边实践，更能带来一段高质量的亲子陪伴时光。

图书在版编目（CIP）数据

跟孩子一起玩编程：Python 编程快速入门 / 邵红祥编著. -- 北京：化学工业出版社，2019. 8（2021. 11重印）
ISBN 978-7-122-34613-1

Ⅰ. ①跟… Ⅱ. ①邵… Ⅲ. ①软件工具－程序设计－青少年读物 Ⅳ. ① TP311.561-49

中国版本图书馆 CIP 数据核字（2019）第 111301 号

责任编辑：要利娜　　文字编辑：吴开亮
责任校对：王鹏飞　　装帧设计：王晓宇

出版发行：化学工业出版社（北京市东城区青年湖南街 13 号　邮政编码 100011）
印　　装：中煤（北京）印务有限公司
710mm×1000mm　1/16　印张 13¾　字数 247 千字　2021 年 11月北京第 1 版第 11 次印刷

购书咨询：010-64518888　　售后服务：010-64518899
网　　址：http: // www.cip.com.cn
凡购买本书，如有缺损质量问题，本社销售中心负责调换。

定　　价：59.00 元

前言

2006年，卡内基梅隆大学的Jeannette Marie Wing教授提出：“人人都需要培养编程思维。编程思维是每个人的基本技能，不该仅属于计算机科学家，在阅读、写作和数学之外，我们应当将编程思维加到每个孩子的培养能力之中。”本书选择较容易掌握的Python语言，通过学习编程，完成现实生活中的很多任务，让读者在掌握Python语言的基础上，通过项目实践学会如何应用这些知识和技能。本书着重介绍了分析问题和解决问题的方法和思路，旨在培养读者理解问题、找出解决问题路径的能力，并力求融入计算思维。

本书具有以下特点。

(1) 难点和重点安排合理

书中的内容编排凝聚了笔者多年的教学经验，并在章节安排上为读者提供了自主学习的灵活性。本书难点和重点安排合理，由浅入深，前后呼应，详略得当。有能力的读者在扩展部分可以更上一层楼，并把本书当作一个有价值的参考资源。

(2) 讲解深刻

一些重难点知识，读者不仅要知其然，还需要知其所以然，因此，本书会为教师和学生剖析其本质，让读者能够从根本上理解、掌握并灵活运用这些知识。

(3) 实用性强

书中提供了大量针对性的实例，每节的末尾还提供了一些小练习和实践项目，以帮助读者巩固所学的知识。附录部分提供了所有小练习的答案。同时编程中要注意什么，如何找出错误，出现问题如何解决，书中都会一一讲解。本书将带领读者迅速掌握编程的方法和过程，努力做到理论、思维训练与实践相结合。

(4) 涵盖编程较为核心的内容

本书选择了经典和应用广泛的编程内容，并结合程序设计的思路和方法，让读者能够通过循序渐进的程序设计过程了解计算的魔力，掌握求解问题的方法，进而融入后续的学习和今后的生活和工作中。

本书共分为6章，有很多示例贯穿其中。本书介绍了Python基础知识、数据类型、流程控制、函数、对象、模块、程序调试、图形和动画、图形化界面、游戏开发等方方面面的编程知识。

本书适合想要通过Python语言学习编程的读者，尤其适合缺乏编程基础的初学者。通过阅读本书，读者可以学会利用强大的编程语言和工具实现自己的想法，并且将体会到Python编程的快乐。

本书由邵红祥编著，配套视频由绍兴市第一中学的余栋材老师录制。

由于时间仓促且水平有限，书中难免有不妥之处，恳请广大读者批评指正。

编著者

书中程序代码下载

目录

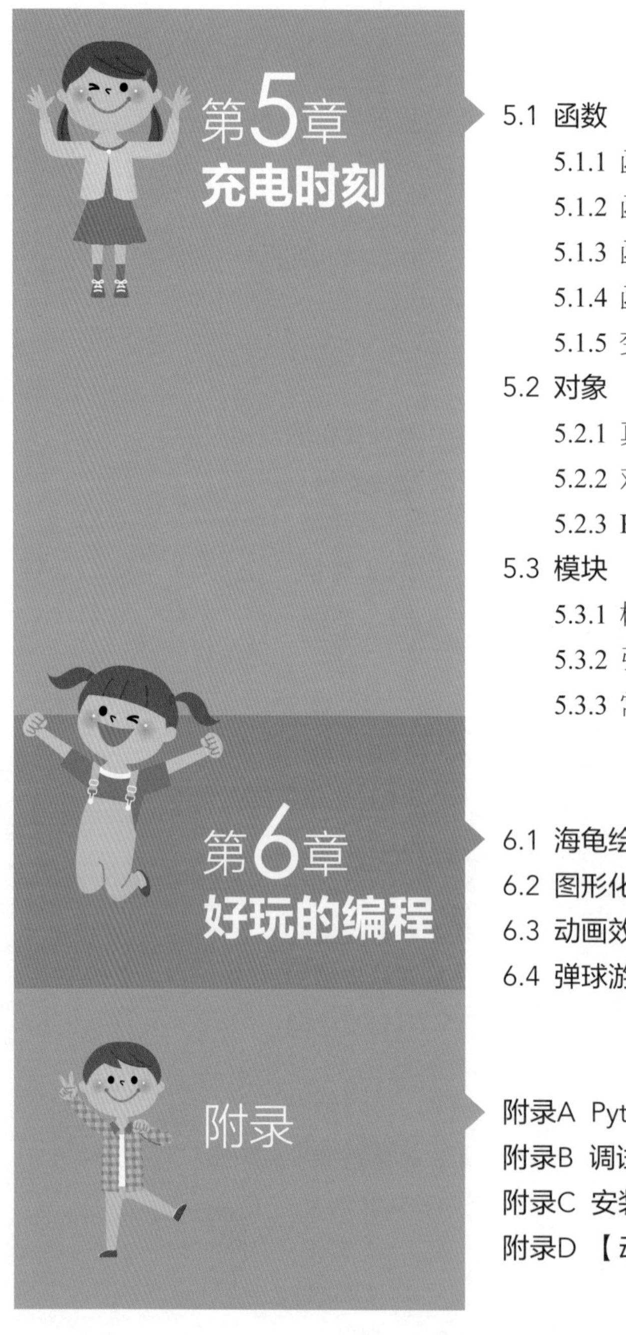

第5章 充电时刻

第6章 好玩的编程

附录

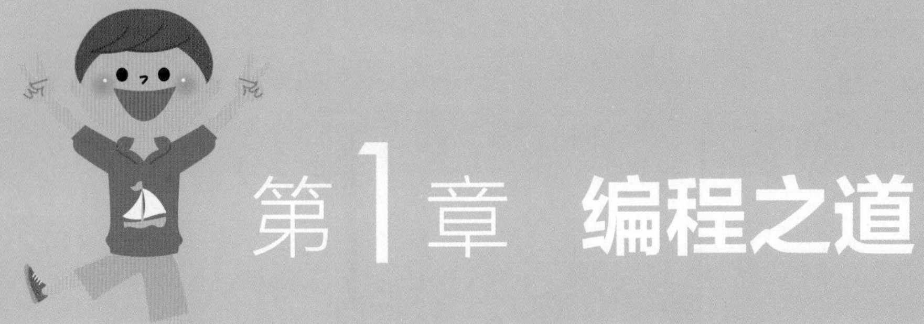

第1章 编程之道

程序是计算机的核心工具，许多人的手机都是能连接因特网的计算机，很多办公室工作需要操作计算机来完成。在平时的学习和生活中，经常会处理许多任务，例如：

① 移动并重命名批量文件，将它们分类，放入文件夹；

② 填写在线表单；

③ 从网站下载文件或复制文本；

④ 让计算机向客户发送短信通知；

⑤ 更新或格式化Excel电子表格；

⑥ 检查电子邮件并发送预先写好的回复。

对我们来说，这些任务简单，但很花时间。它们通常很琐碎、很特殊，没有现成的程序可以完成。学习一点编程知识，就可以让计算机为你自动完成以上这些任务。接下来就让我们一起出发，来一场“编程”之旅吧！

1.1 程序与编程

计算机程序是满足人们某种需求的信息化工具，例如，用画图程序解决图像处理的问题，用Word软件解决文字处理的问题，用Excel软件解决一般的数据计算、统计的问题等。但由于现实问题的多样性，并不是所有的问题都可以用现成的计算机程序来解决。因此，针对这些问题，我们可以采用编程的方法来解决。

(1) 程序

程序其实就是一组指令的集合。当你把去你家的具体线路写给朋友时，你实际上就是在编制一个程序，然后你的朋友就会按照指令一条一条地“执行”这个程序，如图1.1.1所示。

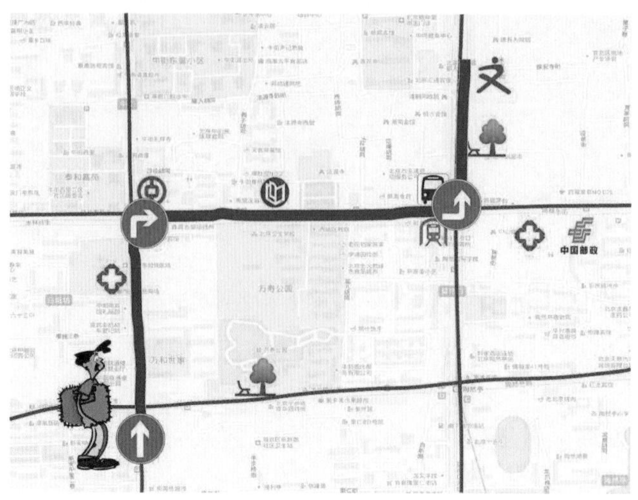

图1.1.1　指路

每个程序都是用一组基本操作指令写出来的，而这些指令都是其他人熟知的。比如说，你写给朋友的那组行进指令可能会包含下面这些内容："在解放路右转""直走三个街区""如果你看到了医院的话，赶紧往回走——你走过头了"。

计算机程序是一组让计算机执行某种动作的指令，和那些电路、芯片、卡、硬盘等不同，它不是计算机可触摸的部分，而是隐藏在背后，运行在硬件上的东西。计算机程序（后面简称为"程序"）就是一系列告诉没有知觉的硬件需要做什么事情的指令，例如，你用来浏览网站的浏览器就是编好的程序，再如你电脑上的游戏、手机上的短信应用、打开计算机时运行的操作系统。我们平时所说的软件就是计算机程序的集合。

没有了程序，几乎所有你现在每天使用的设备都将变得没那么有用。程序不仅以各种形式控制着你的计算机，同时还有你的电子游戏系统、移动电话、车里的GPS单元等，甚至那些不明显的设备也是程序控制的，例如液晶电视机、洗衣机、电冰箱、汽车引擎、红绿灯、电子广告牌、电梯等。

程序有点像思想。如果你没有思想，那么可能就只能坐在地板上。你想"站起来"，这是一条指令，或者叫命令，它告诉你的身体要站起来。同样的，程序告诉计算机需要做什么。

不同的程序有着不同的操作指令集。有些操作是数学方面的，例如"给某个数字加一，然后再求其平方根"，而有些则可能是其他方面的，例如，"从一个名为data.txt的文件中读取一行"，"画一个红色的像素点"，或是"给某个同学发个电子邮件”等。

你的手机实际上也是一台计算机，甚至你的电视、洗衣机、汽车和数字表中都有计算机。你或许并未注意，但计算机就在我们周围，并且在我们的生活中变得更加重要了。所有的计算机都会运行程序，如果你拥有了编程的能力，你就可以创建、理解并控制我们周围的这些设备。

(2) 编程

定义新的操作指令，并将其组合到一起以便能够做一些有意义的事情，再将这些指令“教给”计算机，这就是编程工作的核心和灵魂。例如，你可以“教会”计算机“求平均数”就是要“把一组数字全部加起来再除以这组数字的个数”，如图1.1.2所示。

图1.1.2 编程“求平均数”

在进行程序设计时，首先必须考虑以何种方法或策略对实际问题进行求解。只有对问题求解的方法和大致步骤做到心中有数，才能保证后面的编程顺利进行，以避免出现走弯路、甚至推倒重来的尴尬局面。也就是说，在编程之前，首先要有算法。算法是程序的灵魂，程序语言只是实现算法的工具。

什么是好程序

在对编程了解还不多时，要讨论什么是好的程序比较困难，但有两个问题在开始时要注意。

(1) 解决问题

编程就是解决问题的过程。开始着手编程就意味要从细节上开始设计，并要考虑如何解决某几类问题。程序以一种便捷的方式来表现解决问题的思路，这意味着必须在开始编程前进行思考。

一种常见的做法是遇到问题，马上开始动手编写程序，通常这种方法得到的结果都比较混乱，对于初学者而言，写出的程序往往不能解决问题。我们需要对问题有一些初步思考，才能较好地找出解决问题的办法。只有在开始编程前先思考，才能更好地理解问题，选择最好的策略来解决问题。因此，编写程序前需要深思熟虑。

(2) 程序如同短文

如果问程序最显著的特点是什么，很多人会回答："程序能够运行"。"运行"是指程序能够执行并且完成某件事情。

可惜这并不完全正确，仅仅能够"运行"还不够，还需要让人们能够理解。程序应该是具有可读性的短文，它将在计算机上执行，从而解决某些问题。

谁会去读程序呢？我们来回答这个问题，实际上读程序最多的是你自己！每次把编好的程序搁置一段时间之后，要继续用该程序工作时，你就得重新阅读那些写好的程序，理解当时的想法。程序是解决问题思路的体现，你必须能够读懂你的程序，这样你才能够和它一起工作，更新它、完善它。

所谓"算法"，是指解决一个"计算"问题所采取的方法和步骤。人们在解决问题时都会经历一个"怎么做"的阶段，而思考"怎么做"的过程，就是"算法设计"的过程。设计算法并用一定的方式准确地描述算法后，算法执行者（人或者机器）才能按照描述的算法分步处理并最终解决问题。

算法的特征

① 有穷性。一个算法的处理步骤必须是有限的。无论具体需要执行的操作步骤有多少，这个数量必须是确定的。

② 可行性。一个算法中的每一步操作与要求都应该是算法执行者（人或者机器）可以实施的，同时在现实环境中能做到并且能在有限的时间内完成。

③ 确定性。算法中对于每个步骤的执行描述必须是明确的。

④ 零个或多个输入。算法被执行者实施时，一般需要从外部获取可变的数据。如果问题求解时所有数据都是不变且已知的，则所需数据包含在算法中，不必再在执行时输入数据；如果一些初始数据需要在算法执行时临时获取以适应不同的问题，则算法需要包含一个或多个输入。

⑤ 一个或多个输出。算法必须包含至少一个输出，以告诉外界问题求解的结果。如果一个算法没有输出，那么这个算法就没有意义，因为算法的核心价值就是解决问题，而解决问题的终极目标就是需要知道结果究竟如何。

以下通过日常生活中的一个例子来说明算法设计对问题解决的重要性。

1-1 设计一个“起床-上学”的“算法”。

甲的“算法”为:

①起床;②整理床被;③洗漱;④换衣服;⑤吃早餐;⑥出门上学。

乙的“算法”为:

①起床;②整理床被;③换衣服;④洗漱;⑤吃早餐;⑥出门上学。

丙的“算法”为:

①洗漱;②整理床被;③起床;④换衣服;⑤吃早餐;⑥出门上学。

在上述三个“算法”(行动顺序)中,甲和乙显然是可行的,其中的“洗漱”和“换衣服”顺序对调是符合生活常识的。丙的算法显然不符合生活常识,实际不可行。

计算机算法是指在计算机上进行数据处理和问题求解的方法和策略,是为了解决问题而需要让计算机有序执行的、无歧义的、有限步骤的集合。与上述例子类似,程序中安排的计算机指令必须要有正确的执行顺序才能产生预定的结果,为此,在编程前,需要先确定算法,并用相对简单的方法将处理策略和过程描述出来。

算法的描述有多种方式,可以用流程图、伪代码等,甚至用人们日常所用的自然语言描述,实际使用中常用流程图来描述。

流程图用一些图形符号表示规定的操作,并用带箭头的流程线连接这些图形符号,表示操作进行方向。流程图描述算法结构清晰、寓意明确。常用的流程图基本图形及其功能如表1.1.1所示。

表1.1.1 常用的流程图基本图形及其功能

图形	名称	功能
(圆角矩形)	开始 / 结束符	表示算法的开始或结束
(平行四边形)	输入 / 输出框	表示算法中数据的输入或输出
(矩形)	处理框	表示算法中数据的运算处理
(菱形)	判断框	表示算法中的条件判断

（续表）

图形	名称	功能
→	流程线	表示算法中的流向
○	连接点	表示算法中的转接

根据表1.1.1所示的基本图形，“起床-上学”例子中甲的算法可用流程图描述，如图1.1.3所示。

从右面图1.1.3可以看出，该算法中各个步骤按照先后顺序依次执行，这种结构称为顺序结构。但在算法执行过程中，有时需要根据数据或运算结果的特点进行不同的处理，这时就需要执行不同的操作。例如，在洗衣机控制算法的进水过程中，如果水量达到50升，则关闭进水阀，否则不关闭进水阀，这称为分支结构（也称选择结构）。再如，漂洗过程中，当漂洗次数未达到2次时，需要继续加水到50升，然后重复原来的漂洗处理，这称为循环结构。

计算机编程求解问题的过程如图1.1.4所示。

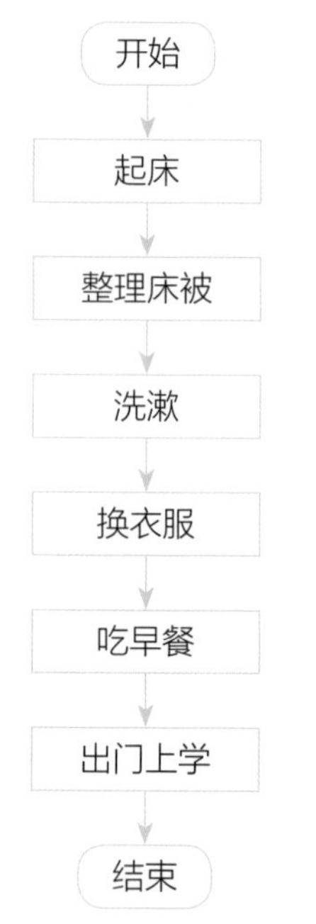

图1.1.3 “起床-上学”例子中甲的算法流程图

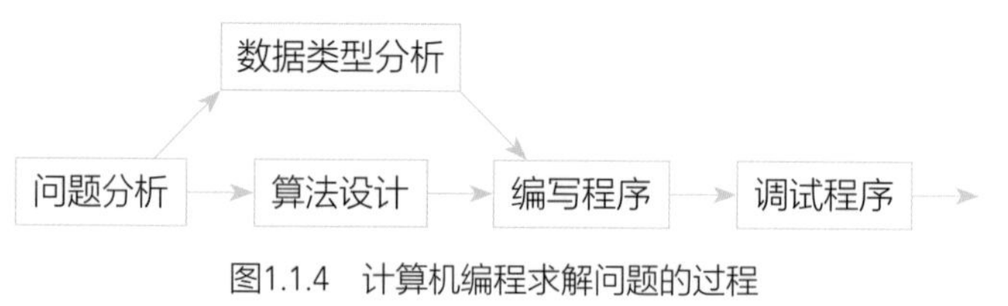

图1.1.4 计算机编程求解问题的过程

使用ProcessOn软件绘制“起床-上学”流程图。

ProcessOn是一个适用于画流程图的软件，网址为：https://www.processon.com，如图1.1.5所示为输入该网址后的页面。

以下介绍使用ProcessOn绘制流程图的方法。

① 登录后，单击左上角的“新建”按钮，选择“流程图”，也可单击右侧的“模板”。

② 弹出如图1.1.6所示画流程图的界面。这样就可以在画布上作图了。

③ 在左边的图形符号集工具栏中选择一个合适的符号，拖到画布中央。这样流程图的第一个图形就画好了。

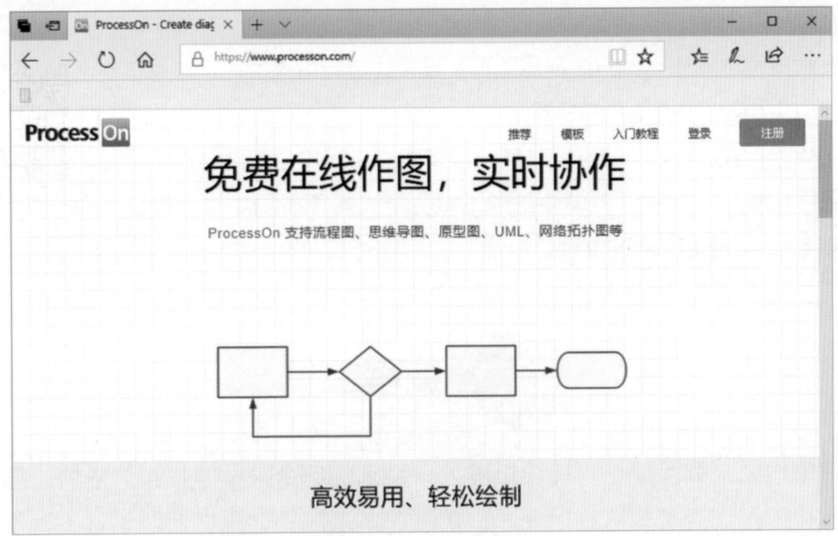

图1.1.5 ProcessOn网站

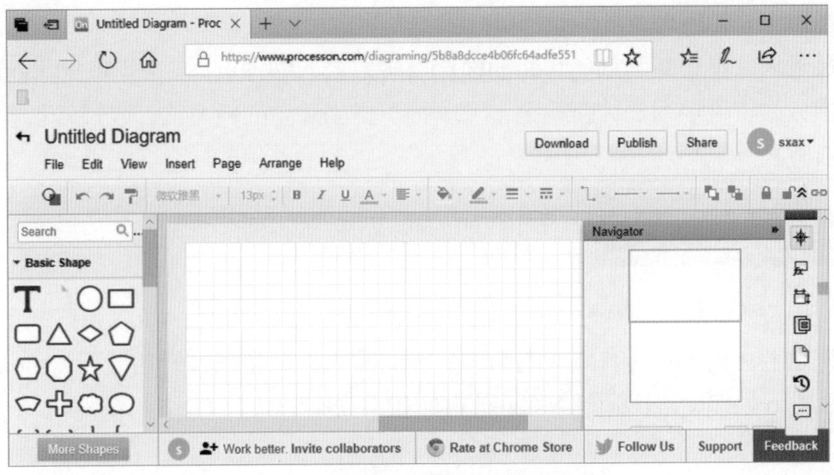

图1.1.6 在ProcessOn软件中画流程图

④ 将鼠标移动到第一个图形的边缘，此时鼠标会变为十字形状。按住鼠标拖动，就拉出了一根带箭头的连接线。

⑤ 将鼠标松开，会自动弹出可供选择的图形列表，从中选择一个图形，则第二个图形就画好了，而且与第一个图形自动建立了连接。

⑥ 双击图框（或右击图框，从快捷菜单中选择“编辑文本”），在图框中输入文字，并可通过菜单下面的工具栏设置字体、字号等文本格式。双击连接线也可在线上添加文字。

⑦ 重复以上操作完成流程图。

⑧ 根据需要，还可以对流程图图形及连接线进行填充颜色、选择边框颜色、选择连接线类型等的设置。

扫一扫，看视频

流程图全部完成后，通过“文件”菜单中的“重命名文件”指定文件名保存；通过“文件”菜单中的“下载为”，可下载到本地计算机中，保存为PNG图形或PDF文件。

1.2 编程工具

简单地说，编程就是向计算机输入一系列的指令来做你想做的事情。你可以使用一种编程语言来写这些指令、创建程序，来控制计算机处理事务。编程语言有许多种，你可以近似地把它们想象为我们人类的不同语言，例如英语或法语。每种编程语言都各有各的处理方式，但它们在基础概念上都是相通的。目前有多种编程语言，如Python、Java、Ruby和C++等。

接下来，本书将利用Python编程语言带你进入编程世界。在你的Python编程之旅中，你将会学习一种新的语言、一种更具创造力的新方法，以及一种解决问题的新方式。

1.2.1 Python语言

Python是免费的解释性编程语言，具有面向对象的特性，可以运行在多种操作系统之上。Python具有清晰的结构、简洁的语法以及强大的功能。Python可以完成从文本处理到网络通信等各种工作。其主要特点如图1.2.1所示。

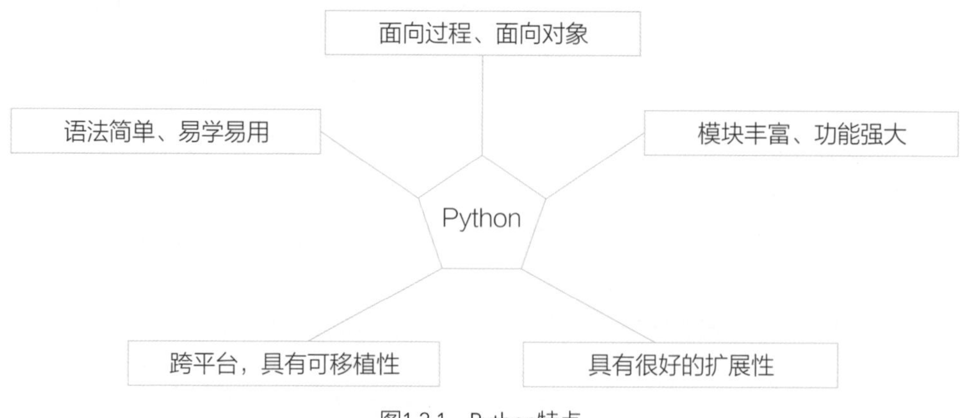

图1.2.1　Python特点

跨平台

Python是一种跨平台的语言。这意味着它可以在安装有不同操作系统的计算机上运行，例如，你可以在运行Windows的计算机上写一个程序，该程序也可以在一个Apple Mac上运行。

操作系统是可以让你的计算机完成一些基本功能的软件，例如它可以让你在计算机上使用鼠标和键盘、保存文件以及连接到互联网上。Windows和Mac OS X就是两个不同的操作系统。

跨平台的编程语言可以在具有不同操作系统的计算机上工作。这意味着你可以在一台计算机上写程序，而程序却可以在其他计算机上运行。

你可以用Python做一些奇妙的东西。如：

① 制作拥有按钮和文字区域的窗口；

② 创建计算机游戏；

③ 制作动画；

④ 构建网站；

⑤ 分析科学数据。

如图1.2.2和图1.2.3所示分别是基于Python开发的游戏界面和数据可视化界面。

图1.2.2 基于Python开发的游戏界面

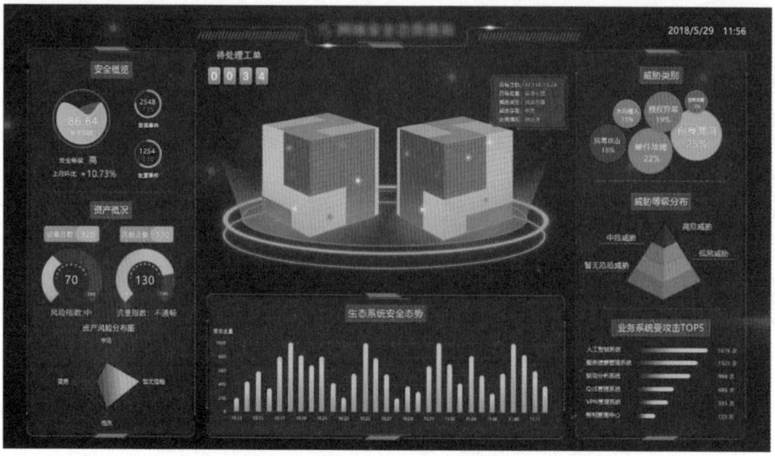

图1.2.3　基于Python开发的数据可视化界面

1.2.2 启动IDLE

欣赏了Python的作品后，是不是有想动手试试的冲动。那我们一起来实践吧。

首先要下载安装Python程序（安装过程参考附录A），本书用的是Python3.7.0的Windows版本。

安装成功后，选择“开始”→“所有程序”→“Python3.7.0”→“IDLE”，打开IDLE出现如图1.2.4所示的界面。

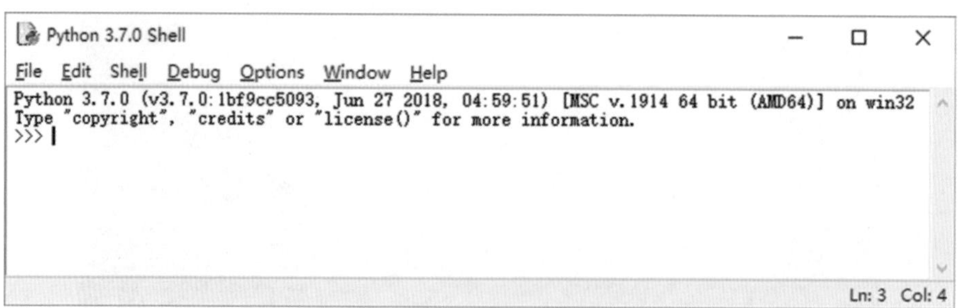

图1.2.4　Python的IDLE界面

IDLE是一个集成开发环境（IDE）。这意味着它不仅可以让你编写代码，还包括了一系列用于运行、测试和编辑程序的有用特性。事实上，你可以使用一个简单的文字编辑器，例如记事本，来编写程序，但IDE的额外特性可以让你更加简单地管理程序。对于Python而言，有很多不同的IDE可用，例如Spyder、Eclipse等。IDLE对于初学者来说是个不错的集成开发环境，但随着你不断深入，你可能想要尝试一下其他的IDE，它们会在你编程时提供更多的特性。

集成开发环境

集成开发环境（IDE）是帮助你开发程序的应用程序。它就像普通的文字编辑器一样可以让你编写、编辑并保存你的程序，但也包含了其他用于测试、调试和运行程序的功能。如图1.2.5所示是Spyder的操作界面。

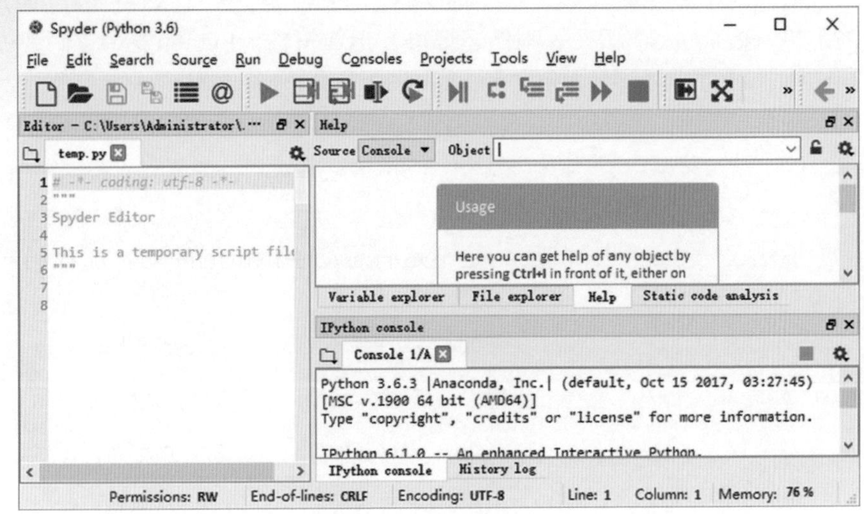

图1.2.5　Spyder的操作界面

一旦IDLE被打开，你就可以开始向Python输入命令了。在开始输入命令之前，你会注意到“>>>”字符的存在。这意味着IDLE正在等待你告诉它要做什么。“>>>”被称作命令提示符，它提示你给它一条指令或者命令。

1.2.3 在Shell中输入指令

你输入指令所在的窗口叫作Python Shell，这是一个交互式环境。它一次接收一条指令，该指令将在你输入下一行前运行。例如，在提示符后输入“2 + 3”，然后按下回车键，让Python做一些简单的算术。

图1.2.6展示了交互式Shell给出的响应是数字5。

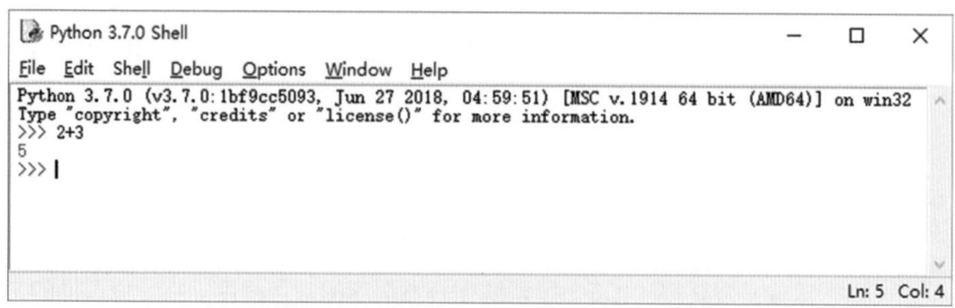

图1.2.6　在交互式Shell中输入“2 + 3”的结果

这道算术运算题就是一个简单的编程指令，加号（+）告诉计算机把数字2和3相加。像 +、–、*和 / 等叫作运算符，运算符告诉Python要对它们旁边的数字进行何种运算。表1.2.1列出了Python中可用的算术运算符。

表1.2.1　Python算术运算符

运算符	表达式	描述	示例	优先级
**	x**y	求x的y次幂	3**2结果为9	1
*	x*y	将数x与数y相乘	3*2结果为6	2
/	x/y	用x除以y，产生实数值	3/2结果为1.5	2
//	x//y	用x除以y，取整数部分	3//2结果为1	2
%	x%y	用x除以y，取余数	3%2结果为1	2
+	x+y	将数x与数y相加	3+2结果为5	3
-	x-y	将数x减去数y	3-2结果为1	3

几乎所有的计算机编程语言中都使用*符号作为乘号。这个符号称作“星号”或“星”。如果你在数学课上总是把“2乘以3”写作2×3，在Python中就必须习惯于用*来做乘法。例如，在交互式Shell中进行如下算术运算：

```
>>> 3 ** 2
9
>>> 5 + 6 * 4
29
```

```
>>> 5/2
2.5
>>> 5//2
2
>>>5%2
1
>>> 12/4 - 6
- 3.0
>>>
```

由运算符连接的值组成表达式，如图1.2.7所示。

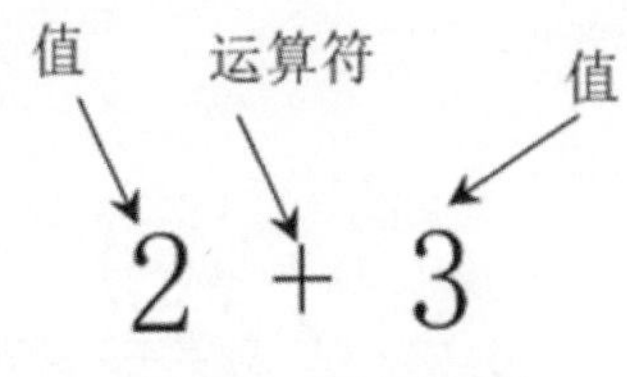

图1.2.7　表达式示例

Python中的算术运算存在着优先级顺序，优先程度最高级别为1，级别数字越大，优先级越低。在同一个表达式中，如果有一个及以上的运算符，那么先执行优先级高的运算，同优先级的基本运算按照自左向右的顺序执行。也就是说，**运算符首先求值，接下来是*、/、//和%运算符，并从左到右执行。+ 和 – 运算符最后求值，也是从左到右执行。如果需要，可以用括号来改变通常的优先级。例如，表达式8 * 5/2 + 3 + 9 − 11，通过如下步骤，其计算结果是值21.0。

```
8 * 5 / 2 + 3 + 9 − 11
            ▼
40 / 2 + 3 + 9 − 11
            ▼
20.0 + 3 + 9 − 11
            ▼
23.0 + 9 − 11
        ▼
32.0 − 11
    ▼
    21.0
```

扫一扫，看视频

在交互式Shell中看不到所有这些步骤。交互式Shell对表达式进行运算，并且只把结果展示给我们。

```
>>> 8 * 5/2 + 3 + 9 - 11
21.0
```

需要注意的是，除法运算符（/）的运算结果是一个实数，所以40/2的结果是20.0。使用实数的运算，其结果也是实数，所以20.0 + 3的结果是23.0。因此，在Python中，数据按照其本身特征可以分为若干种不同的类型，常见的基本数据类型如表1.2.2所示。

表1.2.2 Python常见数据类型

数据类型名	数据表示形式
整型	数学中的整数，如：1，-8080，0等。 十六进制数（用0x前缀），如：0xff00，0xa5b4c3d2等
实型	数学中的实数，如3.14，-9.01等。 科学计数法表示的实数，如：0.000012可以写成1.2e-5等
字符串型	用单引号、双引号或三引号分隔，如：'This is a string!'、"这是一个字符串！"、"X"等
布尔型	只有两种值：True和False

Python中也可以有文本值，称为“字符串”。总是用单引号、双引号或三引号包围住字符串（例如'Hello Python'），这样Python就知道字符串的开始和结束。甚至可以出现没有字符的字符串，称为“空字符串”。

如果你看到错误信息SyntaxError: EOL while scanning string literal，可能是忘记了字符串末尾的单引号，如下面的例子所示：

```
>>> 'Hello Python
SyntaxError: EOL while scanning string literal
```

根据运算符之后的值的数据类型，运算符的含义可能会改变。例如，在操作两个整型或实型值时，+ 是相加运算符。但是，在用于两个字符串时，它则将字符串连接起来，成为“字符串连接”运算符。在交互式环境中输入以下内容：

```
>>> "Hello"+" Python"
'Hello Python'
```

该表达式求值为一个新字符串，包含了两个字符串的文本。但是，如果你对一个字符串和一个整型值使用加运算符，Python就不知道如何处理，它将显示一条错误信息。

```
>>> "Hello" + 5
Traceback (most recent call last):
  File "<pyshell#14>", line 1, in <module>
    "Hello"+5
TypeError: can only concatenate str (not "int") to str
```

错误信息“can only concatenate str (not "int") to str”表示Python认为，你试图将一个整数连接到字符串"Hello"。代码必须将整数转换为字符串，因为Python不能自动完成转换（在后面讨论函数时，将解释数据类型转换）。

在用于两个整型或实型值时，*运算符表示乘法。但*运算符用于一个字符串值和一个整型值时，它就变成了“字符串复制”运算符。下面在交互式环境中输入一个字符串乘一个数字，看看结果。

```
>>> "Hello" * 8
'HelloHelloHelloHelloHelloHelloHelloHello'
```

该表达式求值为一个字符串，它将原来的字符串重复若干次，次数就是整型的值。字符串复制是一个有用的技巧，但不像字符串连接那样常用。

*运算符只能用于两个数字（作为乘法），或一个字符串和一个整型（作为字符串复制运算符）。否则，Python将显示错误信息，例如：

```
>>> "Hello" * 8.0
```

```
Traceback (most recent call last):
  File "<pyshell#16>", line 1, in <module>
    "Hello" * 8.0
TypeError: can't multiply sequence by non-int of type 'float'
>>> "Hello" * "Python"
Traceback (most recent call last):
  File "<pyshell#17>", line 1, in <module>
    "Hello" * "Python"
TypeError: can't multiply sequence by non-int of type 'str'
```

在编写指令时，计算机实际上并没有那么聪明，它们需要接收非常精确的指令，如果你的指令不是正确的形式，计算机无法猜测出你的真正意图。这就是你为什么需要遵守编程语言的规则，来让计算机理解你，这些语言规则叫作语法。当你不遵守语法规则时，就会出现上述例子中那样的语法错误。

语法是编程语言必须遵守的有关结构的规则集合。

当你不遵守编程语言的语法规则时，就会发生语法错误。如果你不遵守语法规则，计算机将无法理解你要尝试做的事情，因为它以字面意思来接收指令。但是不必担心出错，错误并不会对计算机造成危害，只要在交互式Shell中的下一个“>>>”提示符处重新输入正确的指令即可。

错误没关系!

如果程序包含计算机不能理解的代码，程序就会崩溃，这将导致Python显示错误信息。错误信息并不会破坏你的计算机，所以不要害怕犯错误，“崩溃”只是意味着程序意外地停止执行。

如果你希望对一条错误信息了解更多，可以在网上查找这条信息的准确文本，找到关于这个错误的更多内容，也可以查看http://nostarch.com/automatestuff/，这里有常见的Python错误信息和含义的列表。

① 下面哪些是运算符，哪些是值?

*

'hello'

– 88.8

–

/

+

5

True

② 在交互式Shell中对下列表达式进行运算。

5 + 3 / 4

'hello' + ' Hello'

– 88.8 * 5 + 88 * 6

(2 + 3) / 5

123456789 * 987654321

'hello' * 5

第2章 第一个程序

到目前为止，我们已经在IDLE的交互式Shell中输入过指令，并且一次只输入一条指令。当编写程序时，一次会输入多条指令，然后让它们一起运行。

下面，就让我们来编写第一个程序。

2.1 与计算机的友情对话

IDLE的另外一个部分叫作文件编辑器。单击交互式Shell顶端的File菜单，然后选择New File，将会出现一个空白窗口供你输入程序代码，如图2.1.1所示。

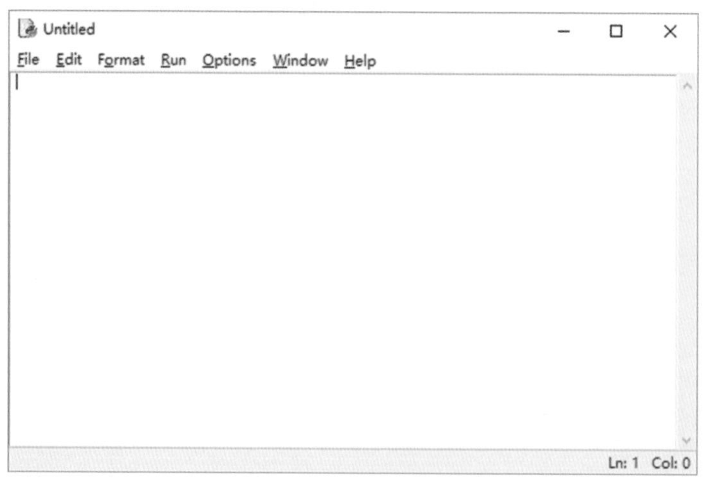

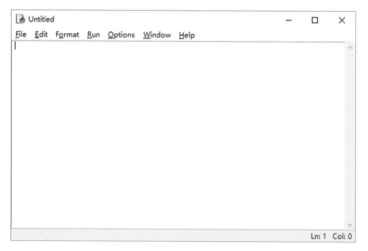

图2.1.1　文件编辑器窗口

文件编辑器与交互式环境不同。在交互式环境中，按下回车，就会执行Python指令。文件编辑器允许输入多行指令，保存为文件，并运行该程序。下面是区别这两者的方法：

① 交互式环境窗口总是有>>>提示符。

② 文件编辑器窗口没有>>>提示符。

现在是创建第一个程序，与计算机进行一次友情对话的时候了。在文件编辑器窗口打开后，输入如下内容：

```
# 我的第一个程序
myname = input ("请输入你的名字：")
print (myname + "同学，你好！")
```

扫一扫，看视频

IDLE程序用不同的颜色来表示不同类型的指令。输入代码之后，窗口如图2.1.2所示。

图2.1.2　输入的程序内容

在输入完代码后保存它，这样就不必在每次启动IDLE时重新输入。从文件编辑器窗口顶部的菜单选择File→Save As，在“另存为”窗口中，在输入框输入name，然后单击“保存”，如图2.1.3所示。

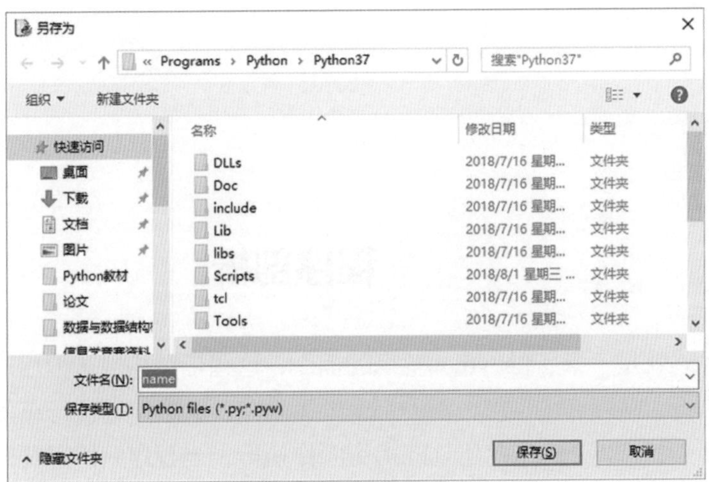

图2.1.3　保存程序

在输入程序时，应该过一段时间就保存一下你的程序，这样，如果计算机崩溃，或者不小心退出了IDLE，也不会丢失代码。可以在Windows上按快捷键Ctrl + S来保存文件。

在保存文件后，接下来让我们来运行程序。选择Run→Run Module，或按下F5键，程序将在交互式环境窗口中运行，该窗口是首次启动IDLE时出现的。记住，必须在文件编辑器窗口中按F5，而不是在交互式环境窗口中。在程序要求输入时，输入你的名字，如王晓敏，当按下回车键时，程序将会用你的名字来打招呼。恭喜！你已经编写了第一个程序，在交互式环境中，程序输出如图2.1.4所示。

```
Python 3.7.0 Shell
File  Edit  Shell  Debug  Options  Window  Help
Python 3.7.0 (v3.7.0:1bf9cc5093, Jun 27 2018, 04:59:51) [MSC v.1914 64 bit (AMD64)] on win32
Type "copyright", "credits" or "license()" for more information.
>>>
 RESTART: C:/Users/Administrator/AppData/Local/Programs/Python/Python37/name.py
请输入你的名字：王晓敏
王晓敏同学，你好！
>>>
                                                              Ln: 7  Col: 4
```

图2.1.4　程序运行界面

在IDLE文件编辑器窗口中输入如下代码并调试运行。

```
print ('Hello world!')
print ('What is your name?')
myName = input( )
print ('It is good to meet you, ' + myName)
```

2.2 程序剖析

每行代码就是一条可供Python解释的指令，这些指令构成了程序。计算机程序指令的执行，从程序的顶部，沿着指令的列表向下，顺序地执行每条指令。

在程序中，把Python当前所处的指令叫作执行。当程序开始运行时，执行是第一条指令。执行完这条指令之后，执行移到下一条指令。

下面我们来看一下每行代码是如何工作的，我们从第一行开始。

2.2.1 注释

下面这行称为“注释”。

```
# 我的第一个程序
```

跟在#（叫作井号）后边的任何文本都是注释。注释不是供Python读取的，而是供你或其他看程序的人阅读的，Python会忽略掉注释。注释是你针对代码做些什么而给出的注解，你可以在注释中写下任何内容。

2.2.2 变量

要理解“name.py”程序中的第二行语句，首先要明确变量这个概念。简单地说，变量就是编程中最基本的存储单位，变量会暂时性地储存你放进去的东西。“变量”就像计算机内存中的一个盒子，其中可以存放一个值。如果你的程序稍后将用到一个已求值的表达式的结果，就可以将它保存在一个变量中。

(1) 变量赋值

一条赋值语句指令会把一个值保存到一个变量中。输入变量的名称，后边跟着等号（= 称为赋值运算符），然后是要存储到这个变量中的值。如输入赋值语句spam = 15，那么名为spam的变量将保存一个整型值15。

```
>>> spam = 15
>>>
```

可以将变量看成一个带标签（名字“spam”）的盒子，而值写在盒子中的一张便签上，如图2.2.1所示。

图2.2.1 变量就像是可以容纳值的盒子

当按下回车键时，你不会看到任何响应。在Python中，如果没有出现错误，就表示成功地执行了指令，然后将会出现“>>>”提示符，这时你就可以输入下一条指令了。

变量保存的是值而不是表达式。例如，语句

spam = 10 + 5和spam = 10 + 7 − 2中的表达式，它们的运算结果都是15，最终结果是相同的，两条赋值语句都把值15保存到了变量spam中。

第一次在赋值语句中使用一个变量的时候，Python将会创建该变量，要查看变量中的值，在交互式Shell中输入该变量的名称即可：

```
>>> spam = 15
>>> spam
15
```

表达式spam得到了变量spam中的值，即15。可以在表达式中使用变量，尝试在交互式Shell中输入如下指令：

```
>>> spam = 15
>>> spam + 5
20
```

我们已经把变量spam的值设置为15，所以输入spam + 5就像是输入表达式15 + 5一样。下面是spam + 5的运算步骤：

```
spam + 5
      ▼
15 + 5
   ▼
   20
```

在赋值语句创建变量之前，不能使用该变量，否则，Python将会给出一个NameError的错误，因为尚不存在该名称的变量。输错了变量名称也会得到这样一个错误：

```
>>> spam = 15
>>> sapm
Traceback (most recent call last):
  File "<pyshell#5>", line 1, in <module>
```

```
    sapm
NameError: name 'sapm' is not defined
```

出现这个错误，是因为虽然有spam变量，但是并没有名为sapm的变量。

可以通过输入另一条赋值语句来修改变量中存储的值。例如，尝试在交互式Shell中输入如下语句：

```
>>> spam = 15
>>> spam + 5
20
>>> spam = 3
>>> spam + 5
8
```

当第一次输入spam + 5时，表达式的计算结果是20，因为我们把15存储在spam中。然而，当输入spam = 3时，用值3替代（或覆盖）了值15，当我们输入spam + 5时，表达式的计算结果是8。覆盖的过程如图2.2.2所示。

图2.2.2 用值3覆盖了spam中的值15

甚至可以使用spam变量中的这个值，来给spam赋一个新的值：

```
>>> spam = 15
>>> spam = spam + 5
>>> spam
20
```

赋值语句spam = spam + 5的意思是："spam变量中的新值是spam当前的值加上5"。通过在交互式Shell中输入如下的语句，让spam中的值持续几次增加5：

```
>>> spam = 15
>>> spam = spam + 5
>>> spam = spam + 5
```

```
>>> spam = spam + 5
>>> spam
30
```

作为一种快捷方式，可以用增强的赋值运算符 + = 来完成同样的事：

```
>>> spam = 15
>>> spam + = 5
>>> spam
20
```

+、–、*、／和%运算符都有增强的赋值运算符，如表2.2.1所示。

表2.2.1 增强的赋值运算符

增强的赋值语句	等价的赋值语句
spam + = 1	spam = spam + 1
spam – = 1	spam = spam – 1
spam * = 1	spam = spam * 1
spam / = 1	spam = spam / 1
spam % = 1	spam = spam % 1

+ = 运算符也可以完成字符串的连接，* = 运算符可以完成字符串的复制。在交互式环境中输入以下代码：

```
>>> spam = "Hello"
>>> spam + = " world! "
>>> spam
'Hello world! '
>>> bacon = "Zophie"
>>> bacon * = 3
>>> bacon
'ZophieZophieZophie'
```

(2) 使用多个变量

在程序中，可以根据需要创建任意多个变量。例如，给名为eggs和bacon的两个变量分配不同的值，如下所示：

```
>>> bacon = 10
>>> eggs = 15
```

现在，变量bacon中是10，变量eggs中是15，每个变量都有自己的盒子，其中拥有其自己的值，如图2.2.3所示。

图2.2.3　变量“bacon”和变量“eggs”中所存储的值

尝试在交互式Shell中输入spam = bacon + eggs，然后查看spam中的新值：

```
>>> bacon = 10
>>> eggs = 15
>>> spam = bacon + eggs
>>> spam
25
```

现在，spam中的值是25。当把bacon和eggs相加时，就是把其值10和15相加。变量包含的是值而不是表达式，把值25赋给变量spam，而不是把表达式bacon + eggs赋给变量。在spam = bacon + eggs赋值语句之后，对于bacon或者eggs的修改不会再影响到spam。

(3) 变量名

给变量一个具有描述性的名称，会更容易理解它在程序中的用途。假设你正在搬家，并且把每一个要搬运的盒子都贴上“Stuff”，这么做对物品的分类根本就不会有任何帮助。

给变量取名，要遵守以下四条规则：

① 只能是一个词。

② 只能包含字母、数字和下画线。

③ 不能以数字开头。

④ 不能与关键字同名。

关键字

关键字是预先保留的标识符，每个关键字都有特殊的含义。Python的关键字随版本不同有一些差异，可以使用help函数查阅，如图2.2.4所示。

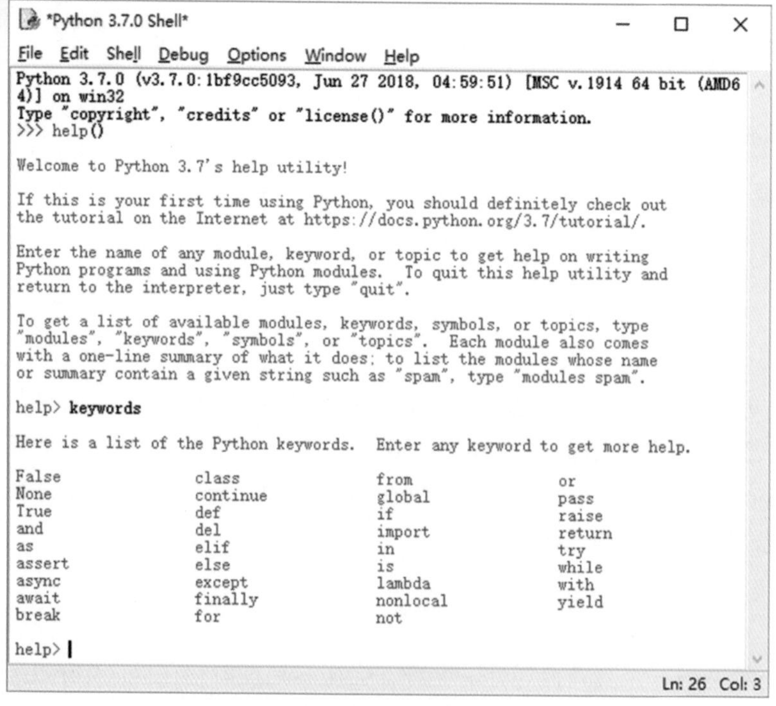

图2.2.4　Python关键字

表2.2.2中列举了一些有效和无效的变量名。

变量名是区分大小写的。这意味着，spam、SPAM、Spam和sPaM是4个不同的变量。

表2.2.2 有效和无效的变量名

有效的变量名	无效的变量名
balance	current-balance（不允许中画线）
currentBalance	current balanc（不允许空格）
current_balance	4account（不允许数字开头）
_spam	42（不允许数字开头）
SPAM	total_$um（不允许$这样的特殊字符）
account4	'hello'（不允许'这样的特殊字符）

理解了变量以后，我们来分析“name.py”程序中的第二行语句：

```
myname = input ("请输入你的名字：")
```

此语句应为赋值语句，“=”左边是一个名为“myname”的变量，即将右边的值赋值给myname变量。

要理解“=”右边部分，我们还需要掌握Python中的内建函数。

2.2.3 内建函数

函数就像是程序中的一个小程序。函数包含许多可执行的指令，当调用函数时，就会执行这些指令。Python提供了一些已经内建的函数，如print( )和input( )这两个函数就是内建函数。函数的美妙之处在于，你只需要知道函数是做什么的，而无需知道它是如何做的。

函数调用是一条指令，它告诉Python运行函数中的代码。例如，你的程序调用了print( )函数，在屏幕上显示一个字符串。print( )函数接受括号中的字符串作为输入，并且把该文本显示到屏幕上，如图2.2.5所示。

图2.2.5 print( )函数调用示意图

要在屏幕上显示“Hello world!”，输入print函数名称，后边跟随着开始圆括号，然后跟随着'Hello world!'字符串和结束圆括号。

(1) input( )函数

大多数程序都旨在解决用户的问题，为此通常需要从用户那里获取一些信息。例如，假设有人要判断自己是否到了“成年”的年龄，要编写回答这个问题的程序，就需要知道用户的年龄，这样才能给出答案，因此，这种程序需要让用户输入其年龄，再将输入的年龄与“成年”年龄进行比较，以判断用户是否到了“成年”的年龄，再给出结果。

用户根据需要输入信息，让程序能够对输入的信息进行处理。在程序需要一个名字时，你需要提示用户输入该名字；程序需要一个名单时，你需要提示用户输入一系列名字，为此，你需要使用函数input( )。

name.py程序第二行是带有变量（myname）和函数调用［input( )］的一条赋值语句。函数input( )接受一个参数：即要向用户显示的提示或说明，让用户知道该如何做。在这个示例中，input( )函数的参数为“请输入你的名字：”，即程序显示“请输入你的名字：”信息并等待用户输入文本。获取用户输入后，Python则将其存储在myname变量中，以方便用户使用。input( )调用示意图如图2.2.6所示。在表达式中，任何可以使用一个值的地方，都可以使用函数调用。

图2.2.6　input( )函数调用示意图

函数调用的结果值叫作返回值（实际上，“函数调用返回的值”和“函数调用的结果值”的含义是相同的）。在这个示例中，input( )函数的返回值是用户输入他们自己的名字的字符串，若用户输入“王晓敏”，input( )函数调用的结果就是字符串'王晓敏'。计算过程如下所示：

myname = input (“请输入你的名字：”)

myname = '王晓敏'

这样就把字符串值'王晓敏'存储到了myname变量中。

(2) print( )函数

```
print (myname + "同学，你好！")
```

第三行是对print( )函数的调用。在print( )函数的括号中，是表达式“myname + "同学，你好！"”。因为参数总是单个的值，所以Python会先计算这个表达式，然后将其值作为参数传递给函数。如果myname中存储的是'王晓敏'，则计算过程如下所示：

```
print (myname + "同学，你好！")
        ▼
print ("王晓敏" + "同学，你好！")
        ▼
print ("王晓敏同学，你好！")
```

连接字符串

可以使用运算符把字符串值组合起来生成表达式，就像对整数和实数所做的那样。可以使用“+”运算符组合两个字符串，这就是字符串连接。尝试在交互式Shell中输入"Hello" + "Python!"：

```
>>> "Hello" + "Python!"
'HelloPython!'
```

这个表达式的结果是一个字符串值'HelloPython!'。两个单词之间没有空格，因为两个待连接的字符串中都没有空格，这和下面示例不同：

```
>>> "Hello" + "Python!"
'Hello Python!'
```

对于字符串和整数来讲，“+”运算符的作用并不相同，因为字符串和整

> 数是不同的数据类型。所有的值都有一个数据类型，'Hello'的数据类型是字符串，5的数据类型是整数。数据类型告诉Python，当计算表达式时，运算符应该做什么。对于字符串，“+”运算符会把它们连接起来；而对于整数和实数，“+”运算符会把它们相加。

可能有同学会问，能不能将上面的语句分开写成两行。我们不妨试试：

```
print ("王晓敏")
print ("同学，你好！")
```

运行这个程序时，输出将是：

```
王晓敏
同学，你好!
```

为什么这两个内容分别打印在不同的行上？为什么输出不是这样：

```
王晓敏同学，你好!
```

除非你另外指出，否则Python每次执行print时都会在新的一行上开始。打印"王晓敏"之后，Python会下移一行，并回到第一列来打印"同学，你好！"。Python会在两个词之间插入一个换行符，换行符的作用相当于在文本编辑器中按下了回车键。

要将多个对象显示在同一行，除了上面的方法以外，还有另一种方法：我们可以使用格式字符串，例如使用百分号（%）。假设希望在print语句中间插入一个字符串变量，就像前面一样，利用格式字符串，可以这样做：

```
myname = "王晓敏"
print ("%s同学，你好！" %myname)
```

这里有两处用到%符号：先是用在字符串中间，指示要把变量放在什么位置；然后在字符串后面再次用到，告诉Python接下来就是用户希望在字符串中插入的变量。

%s表示用户想插入一个字符串变量；如果想插入整数，要使用%d；想插入实数，则要使用%f。下面再给几个例子：

```
>>> age = 13
>>> print ("I am %d years old." % age)
I am 13 years old.
>>> average = 75.6
>>> print ("The average on our math test was %f percent." % average)
The average on our math test was 75.600000 percent.
```

%s、%f和%d都称为格式字符串，这些代码用来指示如何显示变量，常见的格式字符串如表2.2.3所示。

表2.2.3 常见的格式字符串

格式	描述
%%	百分号标记
%c	字符及其ASCII码
%s	字符串
%d	有符号整数（十进制）
%u	无符号整数（十进制）
%e	实数（科学计数法）
%f	实数（用小数点符号）

(3) len( )函数

你可以向len( )函数传递一个字符串（或包含字符串的变量），然后该函数求值为一个整型值，即字符串中字符的个数。

在交互式环境中输入以下内容试一试：

```
>>> len ('hello')
```

```
5
>>> len ('My very energetic monster just scarfed nachos.')
46
>>> len (' ')
0
```

(4) str( )、int( )和float( )函数

print( )函数允许传入一个整型值或字符串，但如果在交互式环境中输入以下内容，就会报错：

```
>>> print ('I am'+ 15 + 'years old.')
Traceback (most recent call last):
  File "<pyshell#2>", line 1, in <module>
    print ('I am' + 15 + 'years old.')
TypeError: can only concatenate str (not "int") to str
```

导致错误的原因不是print( )函数，而是你试图传递给print( )的表达式。如果在交互式环境中单独输入这个表达式，也会得到同样的错误。

```
>>> 'I am' + 15 + 'years old.'
Traceback (most recent call last):
  File "<pyshell#3>", line 1, in <module>
    'I am' + 15 + 'years old.'
TypeError: can only concatenate str (not "int") to str
```

报错的原因是：只能用“+”操作符加两个整数，或连接两个字符串，不能让一个整数和一个字符串相加，因为这不符合Python的语法。可以将整型数字转换成字符串来修复这个错误。

如果想要连接一个整数（例如15）和一个字符串，再传递给print( )函数，就需要获得一个值（例如'15'），它是整数（例如15）的字符串形式。str( )函数可以传入一个整型值，并求值为它的字符串形式，像下面这样：

```
>>> str (15)
'15'
>>> print ('I am' + str (15) + 'years old.')
I am 15 years old.
```

因为str (15)求值为'15'，所以表达式'I am' + str (15) + 'years old.'求值为'I am' + '15' + 'years old.'，它又求值为'I am 15 years old.'。这就是传递给print( )函数的值。

str( )、int( )和float( )函数将分别求值为传入值的字符串、整数和实数形式。如果想要将一个整数或实数与一个字符串连接，str( )函数就很方便。如果你有一些字符串值，希望将它们用于数学运算，int( )函数也很有用。例如，input( )函数总是返回一个字符串，即使用户输入的是一个数字。在交互式环境中输入spam = input( )，在它等待文本时输入100。

```
>>> spam = input( )
100
>>> spam
'100'
```

保存在spam中的值不是整数100，而是字符串'100'。如果想要用spam中的值进行数学运算，那就用int( )函数取得spam的整数形式，然后将这个新值储存在spam中。

```
>>> spam = int (input( ) )
100
>>> spam
100
```

现在你应该能将spam变量作为整数，而不是字符串使用。

```
>>> spam * 20 / 5
400.0
```

从前面的实例中不难发现，Python中所谓的使用内建函数就是把你要处理的对象放到内建函数的括号里就可以得到处理结果。这样的常见函数如表2.2.4所示。

表2.2.4　Python常见内建函数

函数	描述
print (x)	输出x的值
input (prompt)	获取用户输入
int (object)	将字符串和数字转换成整型
float (object)	将字符串和数字转换为浮点数
abs (x)	返回x的绝对值
help ( )	提供交互式帮助
pow (x, y)	返回x的y次幂
len (seq)	返回序列的长度
str (x)	将x转换成字符串
round (x, n)	对数x进行四舍五入（如果给定n，就将数x转换为小数点后保留n位）

2-1 温度转换。

温度的刻画有两个不同体系，分别为摄氏度（Celsius）和华氏度（Fahrenheit）。摄氏度的含义是指在1标准大气压下，纯净的冰水混合物为0℃，水的沸点为100℃，将两个温度区间进行100等分，每一份为1摄氏度，记作“1℃”。华氏度的含义是指在1标准大气压下，冰的熔点为32℉，水的沸点为212℉，将两个温度区间进行180等分，每等分为1华氏度，记作1℉。不同国家采用不同的温度表示方法，例如：中国采用摄氏度，美国采用华氏度。

去美国旅行的中国游客，需要将当地发布的华氏温度转换为摄氏温度，这样才符合自己的认知习惯；同样，到中国旅游的美国游客，也需要将当地发布的摄氏温度转换为华氏温度。接下来介绍如何利用程序辅助游客进行温度转换，如何将华氏温度转换为摄氏温度，如图2.2.7所示。

① 分析问题：最简单的，可以利用程序进行温度转换，温度的输入由人来完成；或者可以通过程序监听温度信息发布渠道，例如收音机、电视机等，通过语音识别、图像识别等方法自动获得温度信息的数值，自动完成转换；再或者也可以通过程序自动发现并定期检查发布温度信息的网站，同时将温度信息的表示方法转换成使用者熟悉的方法。这里，该问题采用最简单的计算特性来编写程序。

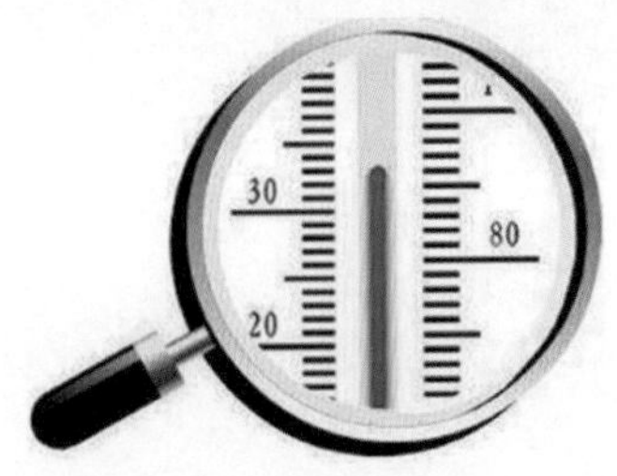

图2.2.7 摄氏度与华氏度的转换

② 设计算法：在问题分析的基础上确定程序功能，程序先接受华氏温度，然后转换为摄氏温度。该功能描述如下。

a. 输入：华氏温度值。

b. 处理：温度转换算法。

c. 输出：摄氏温度值。

对应流程图如图2.2.8所示。

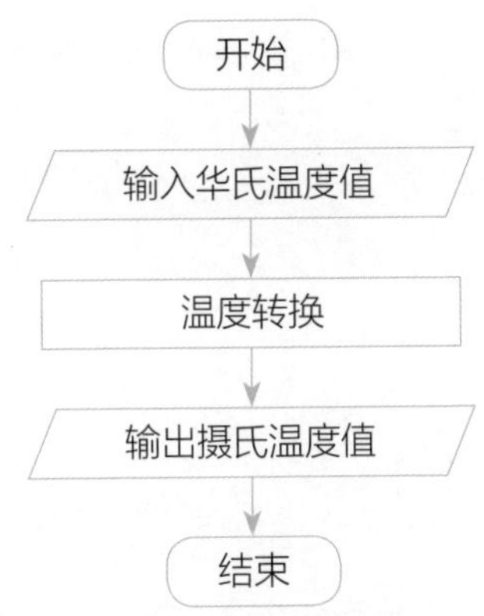

图2.2.8 温度转换流程

根据华氏温度和摄氏温度的定义，两个温度单位刻度对应温度的关系为(212 − 32) / (100 − 0) = 1.8，因此，转换公式如下：

$$C = (F - 32) / 1.8$$

式中，C为摄氏温度值；F为华氏温度值。

③ 编写程序：根据上述设计，温度转换的Python程序代码实现如下。

```
F = float (input ("请输入要转换的华氏温度值："))
C = (F - 32) / 1.8
print ("对应的摄氏温度为：",C)
```

程序的运行结果示例：

```
请输入要转换的华氏温度值：99
对应的摄氏温度为：37.22222222222222
```

扫一扫，看视频

该示例的程序结构就是典型的顺序结构，程序从上至下，逐行执行。

① 下面哪些是变量，哪些是字符串？

spam

'spam'

"week"

week

② 下列哪些变量名是有效的？

s_sum

flag_name_5

2_sum

we5ek

w@name

Speed

③ 为什么这个表达式会导致错误？如何修改？

'I have eaten' + 99 + 'burritos.'

④ 编写程序。我们在超市购买水果时，售货员轻松地将水果放在电子计价秤上，再输入水果单价，电子计价秤就会显示并打印出水果的重量、单价和金额。

请你根据图2.2.9编写相应的程序。

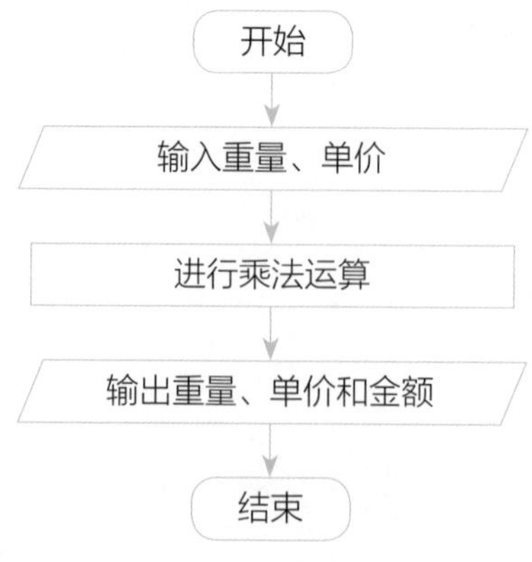

图2.2.9　水果称重流程

⑤ 物质换算。已知有如下近似数据：

- 1桶石油生产出约73.8升汽油；
- 1升汽油燃烧时，产生约2.4公斤二氧化碳气体；
- 1升汽油燃烧产生的能量约为32050千焦；
- 1升汽油的生产成本约为4.9元人民币。

根据上述数据，编程完成如下任务：输入汽油升数x（实数类型数据），输出有关物质换算后的数据信息。

- 计算出生产x升汽油所需的石油桶数；
- 计算出x升汽油燃烧后产生的二氧化碳质量，以公斤计量；
- 计算出生产x升汽油所需的成本，以人民币为单位。

你也可以搜索网络资源，寻找更多与汽油相关的数值进行换算，例如，每人每年平均消耗多少升油，国家每天消耗的油量或者每年消耗的油量等。

⑥ 编程实现摄氏温度转华氏温度。（公式为：F = 1.8C + 32）

第3章　做出选择

生活中，我们经常要问是与否的问题，然后根据答案决定做什么事。例如，如果下雨了，我就要坐公交车去上学；如果是周日，我就可以休息；如果有足够的零花钱，我就可以买本课外书；等等。

如图3.1所示的流程图，展示了根据天气情况（是否下雨）选择不同的交通方式去上学的流程。如果下雨选择坐公交车，否则就骑自行车。按照箭头构成的路径，从开始到结束。

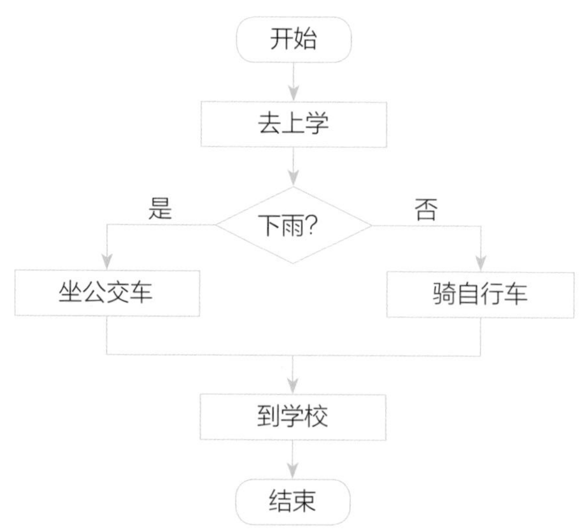

图3.1　根据“是否下雨”选择不同的交通工具流程图

这类问题叫作“条件”问题，我们会把这些条件和回应结合到if（如果）语句中。条件问题比单个问题复杂，if语句也可以合并多个问题以及依据每个问题的答案不同来做出不同的回应，即根据表达式求值的结果，程序可以决定跳过指令，或从几条指令中选择一条执行。

在学习if语句之前，首先要学习如何表示这些是否选项（如上例中如何表示“是否下雨”这个选项）。下面我们先了解什么是布尔值、比较运算符和布尔运算符。

3.1 逻辑判断

要让程序能够根据“条件”选择做不同的事情。例如：

- 如果小敏给出的答案正确，就为他加1分；
- 如果小敏在游戏中击中“外星人”，就发出爆炸声；
- 如果文件没找到，就显示提示信息。

决策时，程序要做出检查（完成一个测试），查看某个“条件”是否成立（为真）。在上面的第一个例子中，这个检查就是“答案是否正确”。

针对某个测试只有两个可能的答案：真（True）或者假（False），如图3.1.1所示。

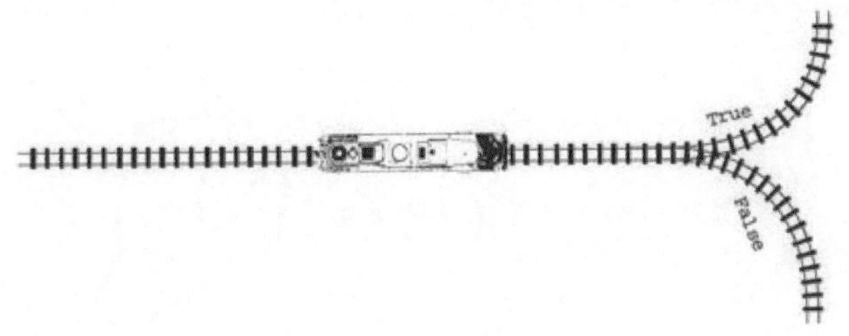

图3.1.1 True和False

3.1.1 布尔数据类型

布尔数据类型（称为Boolean，或者简单称为Bool）只有两个值：True或者False。这两个值的首字母必须大写，值的剩余部分必须小写。在现实世界中人们以真伪来判断事实，而在计算机世界中真伪对应着的则是1（True）和0（False）。

例如，尝试把布尔值存储到变量中：

```
>>> spam = True
>>> eggs = False
>>> spam
True
>>> eggs
False
```

到目前为止，我们已经介绍过的数据类型有整数、实数、字符串和现在的布尔值。Python中的每一个值都属于某一种数据类型。

3.1.2 比较运算符

在测试时可能会问下面这些问题：

- 这两个东西相等吗？
- 其中一个是不是小于另一个？
- 其中一个是不是大于另一个？

前面“如果小敏给出的答案正确，就为他加1分”例子的测试条件是“答案是否正确”。想要知道小敏的答案是否正确，我们需要知道正确的答案，还要知道小敏的答案。可以写成如图3.1.2所示的形式。

图3.1.2　如果小敏的答案等于正确答案

如果小敏的答案等于正确答案，这两个变量就是相等的，那么“条件”为真（True）。如果他的答案不等于正确答案，这两个变量就不相等，则“条件”为假（False）。

在Python中，比较运算符用于比较两个值，并且会得到一个True或者False的布尔值。Python常见的比较运算符如表3.1.1所示。

表3.1.1　Python常见的比较运算符

运算符	表达式	描述	示例
>	x>y	x大于y	5>2 结果为True
<	x<y	x小于y	5<2 结果为False
>=	x>=y	x大于等于y	5>=2 结果为True
<=	x<=y	x小于等于y	5<=2 结果为False
==	x==y	x等于y	5==2 结果为False

（续表）

运算符	表达式	描述	示例
!=	x!=y	x不等于y	5!=2 结果为True
in	x in y	x 是y的成员	"5" in "2" 结果为False

这些运算符根据给它们提供的值，求值为True或False。现在让我们尝试使用一些运算符：

```
>>> 54 == 54
True
>>> 34 == 54
False
>>> 23 ! = 34
True
>>> 23 ! = 23
False
```

如果两边的值相同，= =（等于）求值为True。如果两边的值不同，! =（不等于）求值为True。= = 和 ! = 运算符实际上可以用于所有数据类型的值。

```
>>> "hello" == "hello"
True
>>> "hello" == "Hello"
False
>>> "dog" != "cat"
True
>>> True == True
True
>>> True == False
False
>>> 54 == 54.0
True
>>> "54" == 54
```

```
False
```

请注意，整型或实型的值永远不会与字符串相等。表达式42 == "42"求值为False，是因为Python认为整数42与字符串"42"不同。

另外，<、>、<=和>=运算符仅用于整型和实型值。

```
>>> 54 < 100
True
>>> 54 > 100
False
>>> 54 < 54
False
>>> eggs = 54
>>> eggs > 30
True
>>> eggs < 30
False
```

= 和 == 运算符的区别

你可能已经注意到，== 运算符（等于）有两个等号，而 = 运算符（赋值）只有一个等号。这两个运算符很容易混淆。只要记住：

- == 运算符（等于）是问两个值是否彼此相同。
- = 运算符（赋值）是将右边的值赋值到左边的变量中。

为了方便区分，请注意 == 运算符（等于）包含两个字符，就像！= 运算符（不等于）包含两个字符一样。

"in" 成员资格运算符用来检查一个值是否包含在指定的序列中，以下示例用成员资格运算符分别检查"w"和"x"是否出现在字符串"word"中。

```
>>> "w" in "word"
True
```

```
>>> "x" in "word"
False
```

我们已经学习过算术运算符 +、-、*和 / 。同其他运算符一样，比较运算符把值组合成如eggs < 30这样的表达式。

3.1.3 布尔运算符

布尔运算符用于比较布尔值，像比较运算符一样，它们将这些表达式求值为一个布尔值。Python中常用的布尔运算符如表3.1.2所示。

表3.1.2 Python中常用的布尔运算符

运算符	表达式	描述	示例
and	x and y	布尔“与”	True and False结果为False
or	x or y	布尔“或”	True or False结果为True
not	not x	布尔“非”	not False结果为True

and和or运算符总是接受两个布尔值（或表达式）。

如果两个布尔值都为True，and运算符就将表达式求值为True，否则求值为False。下面在交互式环境中输入某个使用and的表达式，看看结果。

```
>>> True and True
True
>>> True and False
False
>>> False and False
False
```

另外，只要有一个布尔值为真，or运算符就将表达式求值为True。如果都是False，所求值为False。

```
>>> False or True
True
```

```
>>> False or False
False
```

和and和or不同，not运算符只作用于一个布尔值（或表达式）。not运算符求值为相反的布尔值。

```
>>> not True
False
>>> not False
True
>>> not not True
True
```

既然比较运算符求值为布尔值，那么比较运算符就可以和布尔运算符一起在表达式中使用。逻辑运算的真值表如表3.1.3所示。

表3.1.3　逻辑运算的真值表

a	b	a and b	a or b	not a
False	True	False	True	True
False	False	False	False	True
True	True	True	True	False
True	False	False	True	False

回忆一下，and、or和not运算符称为布尔运算符，它们总是操作布尔值。虽然像4 < 5这样的表达式不是布尔值，但可以求值为布尔值。在交互式环境中，尝试输入一些使用比较运算符的布尔表达式。

```
>>> 3 > 2 and 7 < 9
True
>>> 3 > 2 and 7 > 9
False
>>> 3 > 2 or 7 > 9
```

```
True
```

Python将先求值左边的表达式，然后再求值右边的表达式，知道两个布尔值后，它又将整个表达式再求值为一个布尔值。你可以认为计算机求值3 > 2和7 < 9的过程如下：

```
3 > 2 and 7 < 9
      ▼
True and 7 < 9
```

```
True and True
```

```
     True
```

也可以在一个表达式中使用多个布尔运算符，并与比较运算符一起使用。

```
>>> 2 + 2 == 4 and not 2 + 2 == 5 and 2 * 2 == 2 + 2
True
```

和算术运算符一样，布尔运算符也有操作顺序。在所有算术和比较运算符求值后，Python先求值not运算符，再求值and运算符，之后求值or运算符。

条件是用比较运算符（如 < 或 >）把两个值组合起来的一个表达式，并且条件的结果是一个布尔值。

3-1 判断某年是否是闰年。

判断某年为闰年，该年需要满足下面两个条件之一：

- 该年能被4整除但不能被100整除。
- 该年能被400整除。

若某年用变量x存储，则对应的逻辑表达式为：

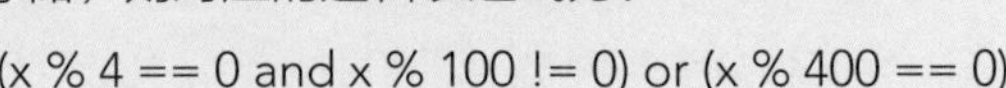

```
(x % 4 == 0 and x % 100 != 0) or (x % 400 == 0)
```

扫一扫，看视频

在交互式环境中输入如下代码：

```
>>> x = 2001
>>> (x % 4 == 0 and x % 100 != 0) or (x % 400 == 0)
False
>>> x = 2012      #符合第一个条件
>>> (x % 4 == 0 and x % 100 != 0) or (x % 400 == 0)
True
>>> x = 2000      #符合第二个条件
>>> (x % 4 == 0 and x % 100 != 0) or (x % 400 == 0)
True
```

在交互式环境中输入以下表达式并查看其结果。

```
23 > 3
5 == 9
6 < 18
8 ! = 9
(5 > 4) and (3 == 5)
not (5 > 4)
(5 > 4) or (3 == 5)
not ((5 > 4) or (3 == 5))
(True and True) and (True == False)
(not False) or (not True)
"h" in "Hello"
```

3.2 单分支结构

编程解决“条件”问题时，常采用分支结构（选择结构），即满足某种条件才会去选择执行某些特定的语句。根据条件的特点，分支结构又可以分为单分支、双分支以及多分支等。

在单分支结构中，通常是满足某种条件，就执行某些语句；如果没有满足条件，则不执行相应的语句，流程图如图3.2.1所示。

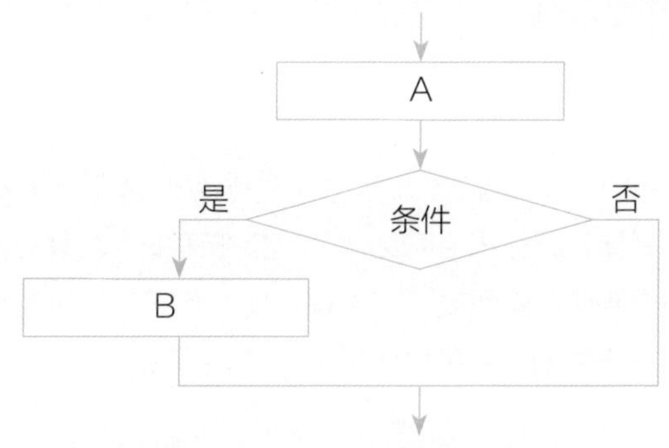

图3.2.1 单分支结构的流程图

if语句的格式如图3.2.2所示。

图3.2.2 单分支结构的if语句

也可写成：

```
if <条件>:
    <代码块>
```

在Python中，if语句包含以下部分：

- if关键字；
- 条件（即求值为True或False的表达式）；
- 冒号；
- 在下一行开始，缩进的代码块。

用一句话概括if…结构的作用：如果…条件是成立的，就做……

if行末尾的冒号告诉Python下面将是一个代码块，这个块包括从前面的if行以下直到下一个不缩进的代码行之间的所有缩进代码行，即代码块是一行或放在一起的多行代码，它们都与程序的某个部分相关（比如一个if语句）。在Python中，通过将块中的代码行缩进来构成代码块。

缩进

在Python中，行尾冒号的作用是告诉Python接下来要创建一个新的代码块，因此，只要某一行以冒号结尾，它接下来的内容就应该有缩进。而至于代码块缩进多少距离并不重要，只要保证整个代码块缩进的程度是一样的即可。Python中有一个惯例：总是将代码块缩进4个空格。

例如，求两个数中的最大值的流程图如图3.2.3所示。

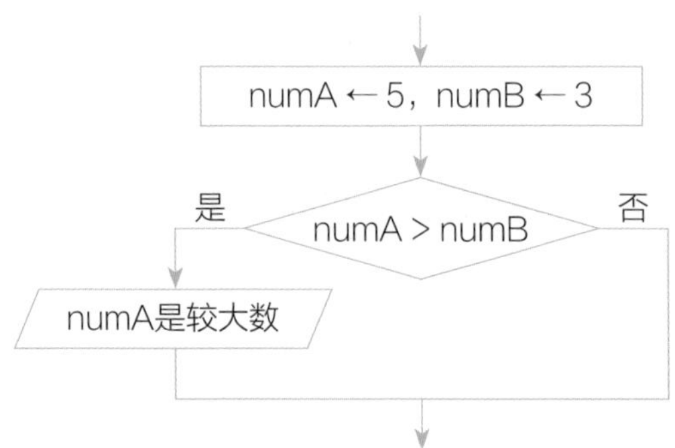

图3.2.3　求两个数中的最大值的单分支结构流程图

可编写如下代码：

```
numA = 5
numB = 3
if numA > numB:
    print ("numA是较大数")
```

程序的运行结果示例：

```
numA是较大数
>>>
```

以上程序的意思就是，如果变量numA的值大于numB的值，就输出"numA是较大数"；在这种结构中，如果变量numA的值不大于numB的值，程序则不予考虑，如果需要考虑的话，上述程序需要变为下面的语句：

```
numA = 5
numB = 3
if numA > numB:
    print ("numA是较大数")
if numA < numB:
    print ("numB是较大数")
```

3-2 如果现在由你设计一个ATM机的验证程序，确保用户输入的密码必须是六位，若不是，提示相关信息。

思路：用户输入的密码保存在变量a中，用len( )函数计算变量a的长度，然后，判断其长度，若不等于6位，则提示"你输入的密码不是6位！"的信息。

扫一扫，看视频

代码如下：

```
a = input ("请输入密码：")
if len(a) ! = 6:
    print ("你输入的密码不是6位！")
```

程序的运行结果示例：

```
请输入密码：1234
你输入的密码不是6位！
>>>
请输入密码：123456
>>>
```

① 在编辑器窗口中输入以下代码并运行查看其结果。

```
spam = 0
```

```
if spam < 10:
    print ('eggs')
```

② 编程实现如下功能：让用户输入年龄，当输入值大于或等于18时，显示"你已成年！"的信息。

③ 编程实现如下功能：让用户输入英文名字，当名字为“Alice”时，显示“Alice，你好！”的信息。

3.3 双分支结构

在双分支结构中，通常是满足某种条件，就执行某些语句，若条件不满足，就执行另一些语句，流程图如图3.3.1所示。

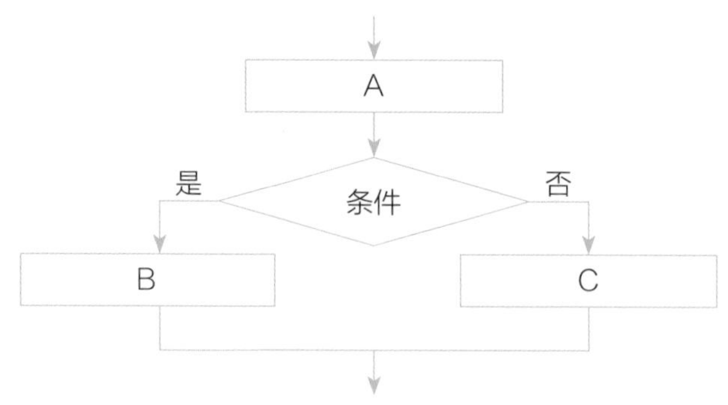

图3.3.1　双分支结构的流程图

if语句的格式如图3.3.2所示。

图3.3.2　双分支结构的if语句

也可写成：

```
if <条件>:
    <代码块1>
else:
    <代码块2>
```

if语句后面有时候也可以跟着else语句，只有if语句的条件为False时，else语句才会执行。在代码中，else语句不包含条件，其包含下面的部分：

- else关键字；
- 冒号；
- 在下一行开始，缩进的代码块。

用一句话概括“if…else”结构的作用：若“如果…”条件是成立的，就做“…”；反之，就做“…”。这种结构只比单分支结构多了一个“else：”，这个“else：”之后的代码，就是不满足条件时需要执行的分支。有了这样的双分支结构，像前面求两个数中的最大值的问题，从逻辑上相互排斥的两个条件，仅仅使用一个双分支结构就可以取代两个单分支结构。即，如果变量numA的值大于numB的值，就输出“numA是较大数”，否则，输出“numB是较大数”。条件可写成“numA > numB”，条件成立的分支为输出“numA是较大数”，不成立的分支为输出“numB是较大数”，流程图如图3.3.3所示。

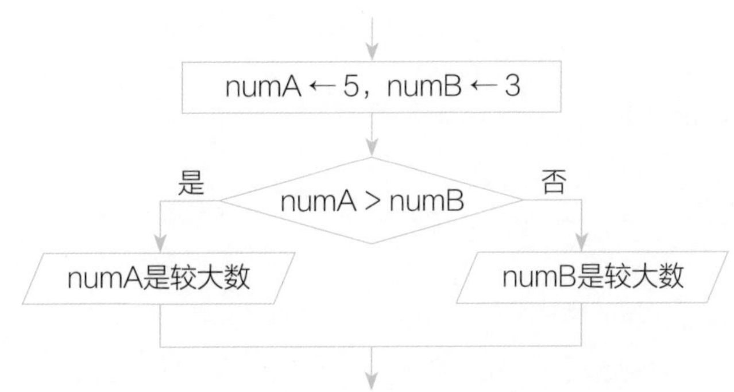

图3.3.3 求两个数中的最大值的双分支结构流程图

可编写如下代码：

```
numA = 5
```

```
numB = 3
if numA > numB:
    print ("numA是较大数")
else:
    print ("numB是较大数")
```

程序的运行结果示例：

```
numA是较大数
>>>
```

3-3 密码验证。

预设的密码为“123456”，编程验证用户输入的密码，若正确，显示“密码正确！”；否则，显示“密码错误！”。程序代码如下：

```
password = input ("请输入密码：")
if password == "123456":
    print ("密码正确！")
else:
    print ("密码错误！")
```

程序的运行结果示例：

```
请输入密码：password
密码错误！

请输入密码：123456
密码正确！
```

程序中，使用input( )函数获得用户输入的字符串并存储在变量password中，如果用户输入的字符串和预设的密码123456相等（条件为password ==

"123456"），就输出"密码正确！"的信息（条件成立的分支）；反之，一切不等于预设密码的输入结果，全部输出"密码错误！"的信息（条件不成立的分支）。

3-4 判定三条边是否可以构成三角形。

输入三条边的边长，编程判定能否构成三角形。

由数学知识可知，当三条边中任意两条边的边长之和大于第三条边的边长时，这三条边能构成三角形。若三条边的边长分别用变量a、b、c存储，则条件为：同时满足"a + b > c，a + c > b，b + c > a"，对应Python语言的条件表达式为"a + b > c and a + c > b and b + c > a"。程序代码如下：

扫一扫，看视频

```
a = int (input ("请输入边长a的值：") )
b = int (input ("请输入边长b的值：") )
c = int (input ("请输入边长c的值：") )
if a + b > c and a + c > b and b + c > a:
    print ("能构成三角形！")
else:
    print ("不能构成三角形！")
```

上述代码中的"a = int (input ("请输入边长a的值："))"语句，可否省略其中的int？答案是否定的，因为默认的input( )函数传递给变量的数值的数据类型都是文本类型，而文本类型的数据在执行比较的时候，是以ASCII顺序进行比较的，而不是数学意义上的比较。

程序的运行结果示例：

```
请输入边长a的值：3
请输入边长b的值：4
请输入边长c的值：5
能构成三角形！

请输入边长a的值：5
请输入边长b的值：12
```

请输入边长c的值：6
不能构成三角形！

不管是单分支还是双分支结构，都可以实现嵌套功能，即代码块中包含了另一个分支结构，此种嵌套可以将条件更加细分。

3-5 分支嵌套求三个数的最大值。

利用求两个数中的最大值的思维方式，求三个数中的最大值。若用numA、numB、numC三个变量分别存储三个数（如3、4、5），首先比较numA和numB的大小，如果numB大的话，则比较numB和numC的大小；如果numA大的话，则比较numA和numC的大小。相应流程图如图3.3.4所示。

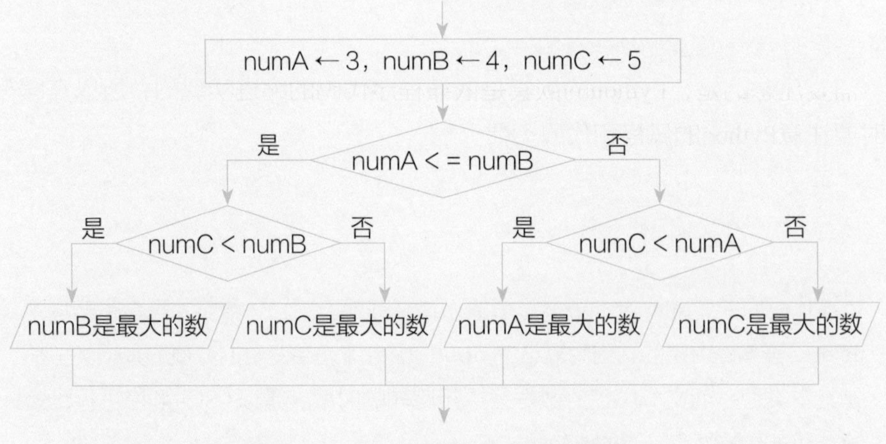

图3.3.4　求三个数中的最大值的流程图

程序代码如下：

```
numA = 3
numB = 4
numC = 5
if numA < = numB:
    if numC < numB:
        print ("numB是最大的数")
```

```
    else:
        print ("numC是最大的数")
else:
    if numC < numA:
        print ("numA是最大的数")
    else:
        print ("numC是最大的数")
```

程序的运行结果示例：

```
numC是最大的数
>>>
```

需要注意的是，Python的嵌套是依靠程序代码的缩进实现的，所以在编写代码时要注意Python的风格和代码习惯。

① 在编辑器窗口中输入以下代码并运行查看其结果。

```
spam = 0
if spam == 10:
    print ('eggs')
    if spam > 5:
        print ('bacon')
    else:
        print ('ham')
    print ('spam')
print ('spam')
```

② 编程实现如下功能：让用户输入年龄，当输入值大于或等于18时，显示“你已成年！”的信息；否则，显示“你未成年！”的信息。

③ 编程实现如下功能：让用户输入英文名字，当名字为“Alice”时，显示“Alice，你好！”的信息；否则，显示“***，你好！”（***为输入的名字）的信息。

3.4 多分支结构

有时候考虑问题往往不只有两个方面，可能会有很多方面，而且根据不同的条件，需要对多个方面进行处理，这就需要用到多分支结构。这种结构与上述两种结构相比，最大的区别在于它的条件不再是单一的满足和不满足，而是可能有很多个条件，每个条件都可以构成一个分支，当然，这些条件必须互相排斥，因此，这种结构被称为多分支结构。其流程图如图3.4.1所示。

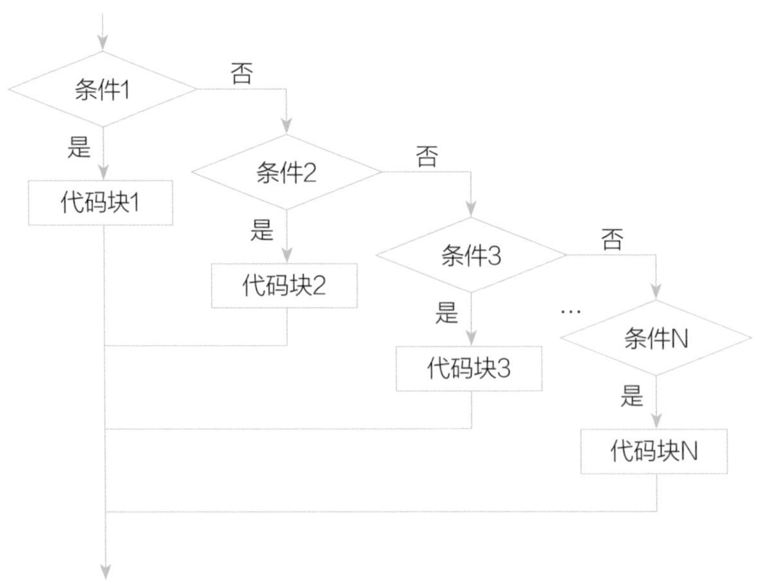

图3.4.1　多分支结构执行的流程图

多分支结构if语句的格式如图3.4.2所示。
也可写成：

```
if <条件1>:
    <代码块1>
elif <条件2>:
```

```
    <代码块2>
elif <条件3>:
    <代码块3>
...
else:
    <代码块N + 1>
```

图3.4.2 多分支结构的if语句

多条件判断同样很简单，只需在if和else之间增加上elif，用法和if是一致的。而且条件的判断也是依次进行的，首先看条件是否成立，如果成立就运行下面的代码，如果不成立就接着顺次地看下面的条件是否成立，如果都不成立则运行else对应的语句，当然，else语句可以省略。

3-6 比较两个数的大小。

用户输入两个数numA和numB，比较这两个数，有三种可能，即numA大于numB、numA小于numB和numA等于numB。当条件“numA>numB”成立时，输出“numA是较大数”的信息；否则，进一步考虑“numA<numB”的情况。当条件“numA<numB”成立时，输出“numB是较大数”的信息；否则，输出“numA等于numB”的信息。流程图如图3.4.3所示。

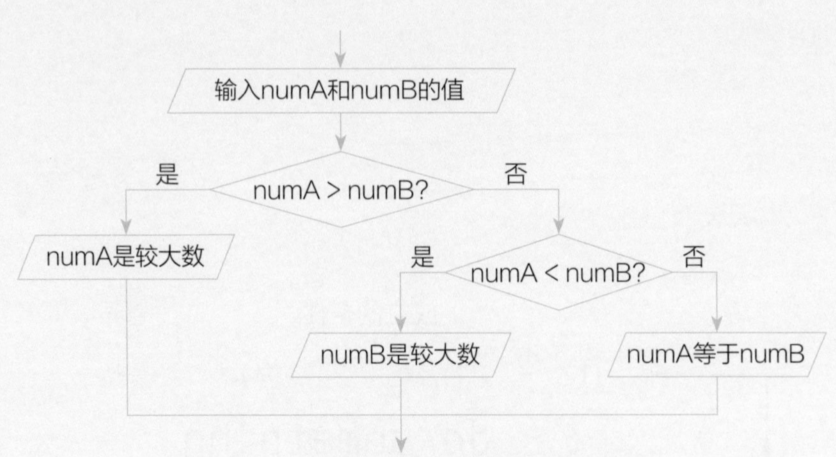

图3.4.3　比较两个数大小的多分支结构流程图

可编写如下代码：

```
numA = int (input ("请输入numA的值：") )
numB = int (input ("请输入numB的值：") )
if numA > numB:
    print ("numA是较大数")
elif numA < numB:
    print ("numB是较大数")
else:
    print ("numA等于numB")
```

程序的运行结果示例：

```
请输入numA的值：21
请输入numB的值：12
numA是较大数

请输入numA的值：12
请输入numB的值：21
```

```
numB是较大数

请输入numA的值：15
请输入numB的值：15
numA等于numB
```

3-7 多分支求三个数的最大值。

例3-5中求三个数的最大值采用了分支嵌套的方式来实现，现在，我们换一种思路：当其中任意一个数都比其他两个数要大，则这个数就是三个数中的最大值。若用numA、numB、numC三个变量分别存储三个数（如3、4、5），当条件“numA > numB and numA > numC”成立时，输出“numA是最大的数”的信息；否则，进一步考虑“numB或numC是最大的数”的情况。当条件“numB > numA and numB > numC”成立时，输出“numB是最大的数”；否则，输出“numC是最大的数”。程序代码如下：

```
numA = 3
numB = 4
numC = 5
if numA > numB and numA > numC:
    print (“numA是最大的数”)
elif numB > numA and numB > numC:
    print (“numB是最大的数”)
else:
    print (“numC是最大的数”)
```

程序的运行结果示例：

```
numC是最大的数
>>>
```

上述程序完成了三个数求最大值的另一种思路，程序的结构往往对考虑问题的思维方式产生导向性作用，所以在试图用一个程序解决问题的过程中，在分析问题的时候，程序的结构也必须要重视。

动手试试

① 编程实现如下功能：让用户输入一个数，和预先设置的数比较大小，如果和预设的数相等，则显示相等；如果比预设的数小，则显示“数字太小”；否则，显示“数字太大”。

② 编程实现如下功能：如果变量spam中存放1，就打印Hello；如果变量中存放2，就打印Howdy；如果变量中存放其他值，就打印Greetings。

③ 利用多分支结构，编写4个数求最大值的程序。

第4章 转圈圈

对大多数人来说，反复地做同样的事情很烦人，既然如此，为什么不让计算机来为我们做这些事情呢？计算机从来不会觉得烦，所以它们可以代替人类去完成一些重复的工作。

Python提供了两种不同风格的循环，它们是while语句和for语句。

while语句引入了重复的概念，当while语句条件为真时，会重复执行Python代码块。当条件为假时，继续执行程序的其余部分。for语句也能实现重复。重复是逐个地检验集合中的所有元素，并能在每个元素上执行某些操作的过程。

在讲for循环之前，我们先来学习批量数据的表示和操作。

4.1 收集数据——列表

我们已经学习了Python可以在内存中存储信息，还可以用名字来获取原先存储的信息。到目前为止，我们存储过字符串和数（包括整数和实数）。有时候可以把一堆东西存储在一起，放在某种“组”或者“集合”中，这样一来，就可以一次对整个集合做某些处理，也能更容易地记录一组东西，其中，有一类集合叫作列表（list）。

下面，我们就来学习列表的相关知识——什么是列表，如何创建、修改和使用列表。

4.1.1 列表

如果我让你建一个最近阅读书目，你可能会如图4.1.1所示这样写。

下面是同一个列表，不过这一次用Python能理解的方式来写：

图4.1.1　某生的阅读书目

```
booklist = ["稻草人", "书的故事", "西游记", "草房子"]
```

上例中，为了把我们可读的列表转换为Python可读的列表，需要执行以下4个步骤：

- 数据两边加引号，将各个书名转换为字符串。
- 用逗号将列表项上一项与下一项分隔开。
- 在列表的两边加上开始和结束中括号。
- 使用赋值运算符（=）将这个列表赋值到一个变量（上例中的booklist）。

当然，也可以把创建列表的代码都放在同一行：

```
booklist = ["稻草人", "书的故事", "西游记", "草房子"]
```

如果我让你写下你的幸运数字，你可能会这样写：

2　7　14　26　30

在Python中，就要写成这样：

```
luckynumbers = [2, 7, 14, 26, 30]
```

列表中的单个元素叫作项或者元素。可以看到，Python中的列表与你在日常生活中建立的列表并没有太大差异。列表使用中括号来指出从哪里开始，到哪里结束，用逗号分隔列表内的各项。

列表可以存放各种元素，例如数字、字符串等，也可以把数字和字符串混合在一起，甚至可以保存其他列表：

```
>>> numbers = [1, 2, 3, 4]
>>> strings_and_numbers = ["why", "was", 6, "afraid", "of", 7]
>>> mylist = [numbers, strings_and_numbers]
>>> print (mylist)
[ [1, 2, 3, 4], ['why', 'was', 6, 'afraid', 'of', 7]]
```

numbers、strings_and_numbers和mylist都是变量。前面曾经说过，可以为变量赋不同类型的值。我们已经为变量赋过数字和字符串，还可以为变量赋一个列表。列表本身包含多个值，[ ]是一个空列表，不包含任何值。

4.1.2 索引

假定列表["cat", "bat", "rat", "elephant"]保存在名为spam的变量中，Python代码spam[0]将求值为"cat"，spam[1]将求值为"bat"，以此类推。列表后面方括号内的整数被称为“索引”，列表中第一个值的索引是0，第二个值的索引是1，第三个值的索引是2，以此类推。图4.1.2展示了一个赋给spam的列表值，以及索引表达式的求值结果。

```
spam = ["cat", "bat", "rat", "elephant"]

spam [0]    spam [1]    spam [2]    spam [3]
```

图4.1.2 spam列表值及索引示例

例如，在交互式环境中输入以下表达式：

```
>>> spam = ["cat", "bat", "rat", "elephant"]
>>> spam [0]
'cat'
>>> spam [1]
'bat'
>>> spam [2]
'rat'
>>> spam [3]
'elephant'
>>> ["cat", "bat", "rat", "elephant"] [3]
'elephant'
```

如果使用的索引超出了列表中值的个数，Python将给出IndexError出错信息。

```
>>> spam = ["cat", "bat", "rat", "elephant"]
>>> spam [100]
Traceback (most recent call last):
```

```
  File "<pyshell#14>", line 1, in <module>
    spam [100]
IndexError: list index out of range
```

列表也可以包含其他列表值。这些列表中的值，可以通过多重索引来访问，例如：

```
>>> spam = [ ["cat", "bat"], [10, 20, 30, 40, 50] ]
>>> spam [0]
['cat', 'bat']
>>> spam [0] [1]
'bat'
>>> spam [1] [4]
50
```

第一个索引表明使用哪个列表值，第二个索引表明使用该列表值中哪个值。例如，spam [0] [1]输出'bat'，即第一个列表中的第二个值。如果只使用一个索引，程序将输出该索引处的完整列表值。

4.1.3 列表的操作

列表创建以后，可以对其进行元素切片、修改、添加、删除等操作。

(1) 切片

就像索引可以从列表中取得单个值一样，“切片”可以从列表中取得多个值，结果是一个新列表。切片输入在一对方括号中，像索引一样，但它有两个用冒号分隔的整数。请注意索引和切片的不同。

- spam [2]是一个列表和索引（一个整数）。
- spam [1:4]是一个列表和切片（两个整数）。

在一个切片中，第一个整数是切片开始处的索引，第二个整数是切片结束处的索引。切片向上增长，直至第二个索引的值，但不包括它。切片求值为一个新的列表值。在交互式环境中输入以下代码：

```
spam = ["cat", "bat", "rat", "elephant"]
```

```
>>> spam [0:4]
['cat', 'bat', 'rat', 'elephant']
>>> spam [1:3]
['bat', 'rat']
```

作为快捷方法，你可以省略切片中冒号两边的一个索引或两个索引。省略第一个索引相当于使用0，或列表的开始；省略第二个索引相当于使用列表的长度，意味着切片直至列表的末尾。在交互式环境中输入以下代码：

```
>>> spam = ["cat", "bat", "rat", "elephant"]
>>> spam [:2]
['cat', 'bat']
>>> spam [1:]
['bat', 'rat', 'elephant']
>>> spam [:]
['cat', 'bat', 'rat', 'elephant']
```

(2) 获取列表长度

len( )函数将返回传递给它的列表中值的个数，就像它能计算字符串中字符的个数一样。在交互式环境中输入以下代码：

```
>>> spam = ["cat", "bat", "rat", "elephant"]
>>> len (spam)
4
```

(3) 求列表中的最大（最小）数据项

max( )函数和min( )函数将返回传递给它的列表中最大和最小的数据项。在交互式环境中输入以下代码：

```
>>> spam = [25, 12, 66, 8]
>>> max (spam)
```

```
66
>>> min (spam)
8
```

(4) 修改列表中元素的值

一般情况下，赋值语句左边是一个变量名，就像spam = 4。但是，也可以使用列表的索引来改变索引处的值。例如，spam[1] = 'aardvark'意味着将列表spam索引1处的值赋值为字符串'aardvark'。在交互式环境中输入以下代码：

```
>>> spam = ["cat", "bat", "rat", "elephant"]
>>> spam [1] = "aardvark"
>>> spam
['cat', 'aardvark', 'rat', 'elephant']
>>> spam [2] = spam [1]
>>> spam
['cat', 'aardvark', 'aardvark', 'elephant']
```

(5) 添加列表元素

要在列表中添加新值，就使用append( )和insert( )方法。在交互式环境中输入以下代码，对变量spam中的列表调用append( )方法：

```
>>> spam = ["cat", "bat", "rat", "elephant"]
>>> spam.append ("moose")
>>> spam
['cat', 'bat', 'rat', 'elephant', 'moose']
```

资料卡片

对象的处理

为什么要在spam和append( )之间加一个点（.）呢？现在要谈到一个重要的话题——对象。我们会在后面学习关于对象的更多内容，现在先简单解释一下。

> Python中的很多东西都是对象（object）。要想用对象做某种处理，需要这个对象的名字（变量名），然后是一个点，再后面是要对对象做的操作。所以要向spam列表追加（把一个元素追加到列表时，会把它增加到列表的末尾）一个元素，就要写成：spam.append (something)。

前面的append( )方法调用，将参数追加到列表末尾。insert( )方法可以在列表任意索引处插入一个值，insert( )方法的第一个参数是新值的索引，第二个参数是要插入的新值。在交互式环境中输入以下代码：

```
>>> spam = ["cat", "bat", "rat", "elephant"]
>>> spam.insert (2, "moose")
>>> spam
['cat', 'bat', 'moose', 'rat', 'elephant']
```

(6) 删除列表元素

要从列表中删除某个元素，可采用del语句和remove( )方法来实现。

① del语句删除列表元素。del语句将删除列表中索引处的值，表中被删除值后面的所有值，都将向前移动一个索引。例如，在交互式环境中输入以下代码：

```
>>> spam = ["cat", "bat", "rat", "elephant"]
>>> del spam [1]
>>> spam
['cat', 'rat', 'elephant']
>>> del spam [1]
>>> spam
['cat', 'elephant']
```

② remove( )方法删除列表元素。给remove( )传入一个值，它将从被调用的列表中删除。在交互式环境中输入以下代码：

```
>>> spam = ["cat", "bat", "rat", "elephant"]
```

```
>>> spam.remove ("rat")
>>> spam
['cat', 'bat', 'elephant']
```

试图删除列表中不存在的值，将导致ValueError错误。例如，在交互式环境中输入以下代码，注意显示的错误。

```
>>> spam = ["cat", "bat", "rat", "elephant"]
>>> spam.remove ("ret")
Traceback (most recent call last):
  File "<pyshell#20>", line 1, in <module>
    spam.remove ("ret")
ValueError: list.remove(x): x not in list
```

(7) 搜索列表

列表中有多个元素时，怎么查找这些元素呢？对列表通常有两种处理：

- 查找元素是否在列表中；
- 查找元素在列表中的哪个位置（元素的索引）。

① in和not in运算符。上例中，当用remove( )方法删除列表中不存在的元素时，会提示错误信息“x not in list（x元素不在列表中）”。因此，可以利用in和not in运算符，检查一个元素是否在列表中。像其他运算符一样，in和not in用在表达式中连接两个值：一个要在列表中检查的元素以及待查找的列表。这些表达式将求值为布尔值。在交互式环境中输入以下代码：

```
>>> "cat" in ["cat", "bat", "rat", "elephant"]
True
>>> "cet" in ["cat", "bat", "rat", "elephant"]
False
>>> spam = ["cat", "bat", "rat", "elephant"]
>>> "cat" in spam
True
>>> "cet" not in spam
```

```
True
```

例如，下面的程序让用户输入一个宠物名字，然后检查该名字是否在宠物列表中。打开一个新的文件编辑器窗口，输入以下代码：

```
myPets = ['Zophie', 'Pooka', 'Fat-tail']
name = input ("Enter a pet name:")
if name not in myPets:
    print ('I do not have a pet named' + name)
else:
    print(name + 'is my pet.')
```

输出示例如下：

```
Enter a pet name:hart
I do not have a pet named hart

Enter a pet name:Pooka
Pooka is my pet.
```

② index( )方法。为了找出一个元素位于列表中的什么位置，可以使用index( )方法，在交互式环境中输入以下代码：

```
>>> spam = ["cat", "bat", "rat", "elephant"]
>>> print (spam.index ("rat") )
2
```

所以我们知道"rat"的索引是2，这说明它是列表中的第3个元素。

就像remove( )方法一样，如果在列表中没有找到这个值，那么index( )会给出一个错误，因此最好结合使用in，就像这样：

```
>>> spam = ["cat", "bat", "rat", "elephant"]
>>> if "rat" in spam:
```

```
print (spam.index ("rat") )
```

```
2
```

列表的方法很多，如表4.1.1所示，L表示一个列表名称。

表4.1.1 列表的常用方法

方法	描述
L.append (object)	在列表L尾部追加元素
L.clear( )	移除列表L中的所有元素
L.count (value)	计算value在列表L中出现的次数
L.copy( )	返回L备份的新对象
L.extend (Lb)	将Lb的表项扩充到L中
L.index (value, [start, [stop]])	计算value在列表L指定区间第一次出现的索引值
L.insert (index, object)	在列表L的索引为index的表项前插入元素
L.pop ([index])	返回并移除索引为index的表项，默认最后一个
L.remove (value)	移除第一个值为value的表项
L.reverse( )	倒置列表L
L.sort( )	对列表中的数值按从低到高的顺序排序

使用列表的函数和方法，可以很方便地存储、维护、分析批量数据。

4-1 对某小组成员（共10名）身高数据进行维护和分析。

a. 初始化列表。

```
>>> a = [ ]
```

b. 增加第一个学生的身高数据。

```
>>> a.append (172)
```

c. 批量增加第2～0个学生的身高数据。

```
>>> a.extend ( [178, 171, 180, 169, 173, 175, 170, 172, 176] )
>>> a
[172, 178, 171, 180, 169, 173, 175, 170, 172, 176]
```

d. 修改第3个学生的身高数据171为172。

```
>>> a [2] = 172
>>> a
[172, 178, 172, 180, 169, 173, 175, 170, 172, 176]
```

e. 求身高最高的学生。思路：先计算列表a中的最大值，再寻找最大值在a中出现的位置，索引从0开始，加1就是对应学生的序号。求最大值使用max( )函数实现，寻找一个数值在列表中出现的位置，使用index方法实现。

```
>>> maxn = a.index (max (a) ) + 1
>>> maxn
4
```

f. 将身高数据按从低到高的顺序排列。

```
>>> s = a.copy( )
>>> s.sort( )
>>> s
[169, 170, 172, 172, 172, 173, 175, 176, 178, 180]
```

若要保留原始数据的位置不产生变化，则要生成一个副本对象（这里不能直接用s = a，而要使用copy函数）。如果想得到从高到低的排序结果，可以增加一个参数值设定：s.sort (reverse = True)。

g. 找出身高最高的三个学生。思路：s序列是a序列从低到高的有序序列，倒序后，序列值从高到低排列，序列的前三项就是身高最高的三个值。再寻找三个值在源序列a中出现的位置，加1后就可以计算出对应学生的序号。

```
>>> s.reverse( )
>>> m1 = a.index (s [0] ) + 1
>>> m2 = a.index (s [1] ) + 1
>>> m3 = a.index (s [2] ) + 1
>>> print (m1, m2, m3)
4 2 10
```

假定有下面这样的列表：

spam = [“apples”, “bananas”, “tofu”, “cats”]

① spam [int (“3” * 2)//11]求值为多少?

② spam [:2]求值为多少?

③ spam.append (99)让spam中的列表值变成什么样?

④ spam.index (“bananas”)求值为多少?

⑤ spam.remove (“cats”)让spam中的列表值变成什么样?

4.2 for循环

(1) for语句

for循环是根据一个序列，每次查看一个元素，在检查每个元素时进行操作，执行循环体。for循环语句的一般格式为：

for <变量> in <序列>：<循环体>

把for循环所做的事情概括成一句话就是：于…其中的每一个元素，做…事情。

从这个基本结构看，for语句有着同if条件语句类似的地方：都有冒号；语句块都要缩进，如图4.2.1所示。

图4.2.1　for语句结构

成员资格运算符in在变量和序列之间，冒号后面是需要缩进的循环体，也即程序每次重复执行的语句块。当Python处理一个循环时，就会对列表中的每个值执行一次该循环的代码块。代码块的每次执行称为一次迭代（iteration），在每次迭代开始的时候，Python都会将列表中的下一个值分配给那个指定的变量，这样，程序就能分别为每个值执行一组相同的操作了。其流程图如图4.2.2所示。

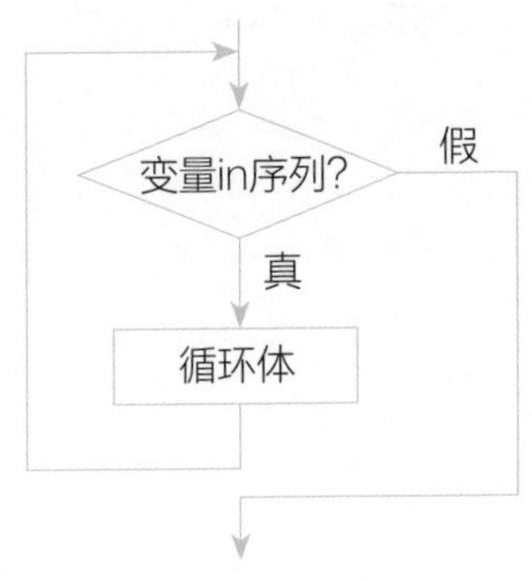

图4.2.2　for循环流程图

我们先来看一个简单的for循环。

```
>>> S = "school"
>>> for i in S:
        print ("school")


school
school
school
school
school
```

```
school
```

运行代码你会发现，结果出现了重复。虽然这里只有一个print语句，但结果显示了6次“school”。这是怎么做到的？

① S这个变量引用的是"school"这个字符串类型的数据。

② 变量i通过S找到它所引用的对象"school"，因为字符串类型的数据属于序列类型，能够进行索引，于是就按照索引顺序，从第一字符开始，依次获得该字符的引用。

③ 语句print ("school")就是for每次循环时要执行的代码块。for循环需要一个代码块来告诉程序每次循环时做什么，代码块即循环体。

④ 当i = "s"的时候，执行print ("school")，打印出了字符串school，结束之后循环第二次，让 i = "c"，然后执行print ("school")，再次打印出了字符串school，如此循环下去，一直到i = "l"，最后一次打印字符串school，循环自动结束。

对上面的代码稍做修改，不再是每次都打印相同的东西，而让它每次循环时打印不同的东西。例如，要依次显示某个字符串中的字符，代码如下：

```
>>> S = "school"
>>> for i in S:
        print (i)


s
c
h
o
o
l
```

修改print语句中的参数，将"school"替换成变量i，结果显示，这一次不再重复显示字符串"school"，而是将字符串中的每个字符依次显示。这个for循环是怎么工作的呢？

① S这个变量引用的是"school"这个字符串类型的数据。

② 变量i通过S找到它所引用的对象"school"，从第一字符开始，依次获得该字符的引用。

③ 当i = "s"的时候，执行print (i)，打印出了字母s；结束之后循环第二次，让i = "c"，然后执行print (i)，打印出字母c。如此循环下去，一直到最后一个字符被打印出来，循环自动结束。

因为可以通过使用索引（偏移量）得到序列对象的某个元素。所以，还可以通过下面的循环方式实现同样效果：

```
>>> S = "school"
>>> for i in [0, 1, 2, 3, 4, 5]:
        print (S [i] )


s
c
h
o
o
l
```

其工作方式是：

① 列表[0, 1, 2, 3, 4, 5]对应着"school"每个字符索引，也可以称之为偏移量。

② 语句“for i in [0, 1, 2, 3, 4, 5]”，让i依次等于列表中的各个值。当i = 0时，打印S [0]，也就是第一个字符。然后顺序循环下去，直到最后一个i = 5为止。

从上面的例子中可以看出，for循环是依次遍历序列中的所有元素，对每个元素执行相同的操作。类似的操作我们经常会遇到，例如，在游戏中，可能需要将每个界面元素平移相同的距离；对于包含数字的列表，可能需要对每个元素执行相同的统计运算；在网站中，可能需要显示文章列表中的每个标题。需要对列表中的每个元素都执行相同的操作时，可以使用Python中的for循环。

遍历

遍历指的是根据数据之间的逻辑结构，遵循一定的顺序依次对所有数据元素做一次且仅做一次访问。

4-2 显示超市购物小票中的物品清单。

某张超市购物小票中有如下物品：橡皮、圆珠笔、尺子、圆规、牛奶、面包。现要编程依次显示这些物品的名称。

分析：要依次显示这些物品名称，可每次显示一个，重复执行，可以利用for循环来实现。实现时，可以把这些物品名称先创建成一个列表，代码如下：

```
>>> W = ["橡皮", "圆珠笔", "尺子", "圆规", "牛奶", "面包"]
>>> for i in W:
        print (i)

橡皮
圆珠笔
尺子
圆规
牛奶
面包
```

扫一扫，看视频

4-3 编程求s = 1 + 2 + 3 + 4 + 5 + 6的和。

分析：要求s = 1 + 2 + 3 + 4 + 5 + 6的和，我们可以看作共有6个数据项依次相加，假设中间有一个变量sum，保存的是前若干项的和，每增加1个数据项，就是执行变量sum和该数据项相加的操作。即对第一个数据项1而言，它的前若干项和为0，增加它后，执行sum + 1的操作，结果为1；而对于第二个数据项2来说，它的前若干项和为1，增加它后，执行sum + 2的操作，结果为3……以此类推，一直到执行完sum + 6的操作为止，sum的结果21就是这6个数据项的和。我们会发现，每增加一个数据项，所做的操作都是一样的，就是将前若干项的和与新增数据项相加，程序实现时可以采用for循环。实现时，可将数据项用变量i来表示，根据数据项依次增加1的变化规律，这里的变量i也可以从循环变量中引用，而将这6个数据项创建成一个列表。具体代码如下：

```
>>> sum = 0
>>> for i in [1, 2, 3, 4, 5, 6]:
```

```
        sum = sum + i

>>> print (sum)
21
```

上面的例子中，我们只循环了6次。如果希望循环运行100次或者1000次，按照以上的方法，就需要像如图4.2.3所示那样键入很多的数。

图4.2.3　键入很多数

很幸运，这里有一条捷径，利用range( )函数，你可以只输入起始值和结束值，它就会为你创建这二者之间的所有值。

(2) range( )函数

为了实现前面介绍的功能，我们需要知道当前所处理的列表项的索引。为此，我们需要借助一个叫作range( )的内置函数，它可以生成一个数字序列。range( )函数如下所示。

range ([start,] stop [, step])

其参数含义如下：

- start　　可选参数，起始值。
- stop　　终值。
- step　　可选参数，步长。

下面是几个例子：

```
>>> for i in range (1, 5):
        print (i, end = " ")

1 2 3 4
>>> for i in range (5):
        print (i, end = " ")

0 1 2 3 4
>>> for i in range(1, 5, 2):
        print (i, end = " ")

1 3
```

上述程序语句中，range( )函数的功能是生成一个整数序列，由三个参数（起始值、终值、步长）决定序列中元素的个数和范围。函数生成一个半开区间，包含序列的起始值，但不包含序列的终值，如上例中的range (1, 5)，能生成起始值1，但终值5不能生成。也就是说，起始值是序列中包含的第一个值，如果不提供，则默认值为0，如range (0, 5)也可写成range (5)。步长值是序列中的每个元素之间的差，如果不提供，默认值为1。只有提供了三个参数时，第三个参数才是步长值。如range (1, 5, 2)，起始值为1，终值为5，步长为2，生成的整数序列为1 3。

end = ' ' 的功能

“print (num, end = ' ')”代码中的“end = ' '”表示将print( )函数的结束值设置为一个空格。这样，下一次对print( )的调用结果将会直接在那个空格的右边开始。而print( )函数默认是以换行符作为其结束值的。

range( )的结果是一个整数序列。例如，要计算1 ~ 100的所有整数的和，就不用将100个数字全部输入，用range( )函数就行。

```
>>> sum = 0
>>> for i in range (1, 101):
        sum = sum + i

>>> print (sum)
5050
```

可以看出，传递给range( )的上限要比我们实际所需的最大整数大1。

默认情况下，range( )是通过不断递增1（称为步长）的方式来生成数字的。通过可选的第三个参数，我们可以给range( )指定其他步长值。

这里，我们生成了一个含有21世纪前50年中全部闰年的序列：

```
>>> for i in range (2000, 2050, 4):
        print (i, end = " ")

2000  2004  2008  2012  2016  2020  2024  2028  2032  2036  2040  2044  2048
```

步长也可以是负数，但此时起始值要大于终值：

```
>>> for i in range (2048, 1999, –4):
        print (i, end = " ")

2048  2044  2040  2036  2032  2028  2024  2020  2016  2012  2008  2004  2000
```

有了这个内置函数，很多事情处理起来就灵活多了。如前面的显示字符串中的每个字符，也可采用如下方式：

```
>>> S = "school"
>>> for i in range (len (S) ):
        print (S [i] )

s
c
```

```
h
o
o
l
```

其工作方式是：

① len (S)得到S引用的字符串的长度，为6。

② range (len (S))，就是range (6)，也就是[0, 1, 2, 3, 4, 5]，对应着"school"每个字母索引，也可以称之为偏移量。

③ for i in range (len (S))，就相当于for i in [0, 1, 2, 3, 4, 5]，让i依次等于列表中的各个值。当i = 0时，打印S [0]，也就是第一个字符，然后顺序循环下去，直到最后一个i = 5为止。

4-4 找出100以内的能够被3整除的正整数。

分析：这个问题有两个限制条件：第一个是100以内的正整数，根据前面所学，可以用range (1, 101)来实现；第二个是要解决被3整除的问题，假设某个正整数n，这个数如果能够被3整除，也就是n%3(%是取余数)为0。那么如何得到n呢，就是要用for循环。

经过以上简单分析，可画出问题解决的流程图如图4.2.4所示。

根据流程图，写出对应的代码如下：

```
>>> aliq = [ ]
>>> for n in range (1, 101):
        if n%3 == 0:
            aliq.append (n)

>>> print (aliq)
```

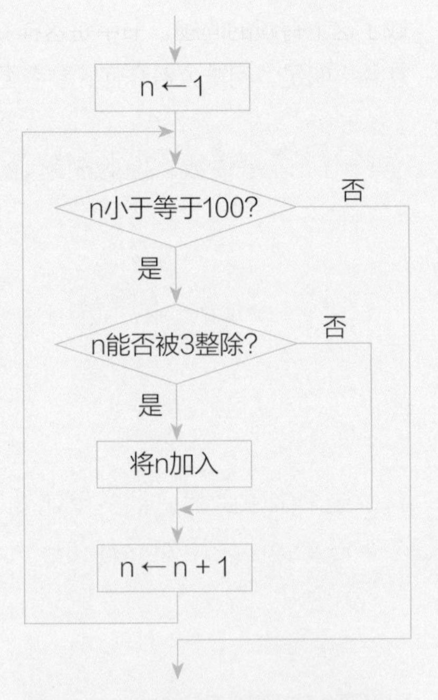

图4.2.4 "求100以内能被3整除的正整数"的流程图

```
[3, 6, 9, 12, 15, 18, 21, 24, 27, 30, 33, 36, 39, 42, 45, 48, 51, 54, 57, 60, 63,
66, 69, 72, 75, 78, 81, 84, 87, 90, 93, 96, 99]
```

上面的代码中，用到了for循环和if条件判断。当然，我们也可以这样：

```
>>> for n in range (3, 101, 3):
        print (n, end = ' ')

3 6 9 12 15 18 21 24 27 30 33 36 39 42 45 48 51 54 57 60 63
66 69 72 75 78 81 84 87 90 93 96 99
```

4-5 编程求解鸡兔同笼问题。

鸡兔同笼是中国古代的数学名题之一。大约在1500年前，《孙子算经》中就记载了这个有趣的问题。书中是这样叙述的：今有雉兔同笼，上有三十五头，下有九十四足，问雉兔各几何？参考图如图4.2.5所示。

图4.2.5 “鸡兔同笼”参考图

分析：此题可采用枚举的思想，即分别列举鸡的数量i，其范围为1～35，则兔的数量为35－i，此时，脚的总数为i ＊ 2 + (35－i) ＊ 4，若等于94，则说明鸡兔的数量满足题中的条件是成立的；否则，就不成立。编写的代码如下：

```
heads = 35
```

```
legs = 94
for i in range (1, heads + 1):
    if i * 2 + (heads - i) * 4 == legs:
        print ("chickens:", i)
        print ("rabits:", 35 - i)
```

运行程序后，结果如下：

```
chickens: 23
rabits: 12
```

① 你在月球上的体重。

如果你现在正站在月球上，你的体重将只相当于在地球上的16.5%。你可以通过用你在地球上的体重乘以0.165来计算。

如果在接下来的15年里，你每年增长一公斤，那么在接下来的15年，你每年里访问月球时的体重都是多少？用for循环写一个程序，来计算出你每年在月球上的体重。

② 在Python IDLE中输入list (range (5, 21, 4))，查看结果是什么？

③ 在Python IDLE中输入list (range (3, 7))，查看结果是什么？

④ 编程计算1～100所有偶数的和。

⑤ 编写一个程序，显示一个乘法表。开始时要询问用户显示哪个数的乘法表，输出应如下所示：

```
请输入要显示乘法表的数：6
6 对应的乘法表为：
6 * 1 = 6
6 * 2 = 12
6 * 3 = 18
6 * 4 = 24
6 * 5 = 30
6 * 6 = 36
```

6 * 7 = 42

6 * 8 = 48

6 * 9 = 54

⑥ 在前面一题的基础上，再加点内容。询问用户想要的乘法表之后，再询问用户希望最大乘到几。输出应当如下所示：

请输入要显示乘法表的数：6

请输入要乘的最大数：15

6 对应的乘法表为：

6 * 1 = 6

6 * 2 = 12

6 * 3 = 18

6 * 4 = 24

6 * 5 = 30

6 * 6 = 36

6 * 7 = 42

6 * 8 = 48

6 * 9 = 54

6 * 10 = 60

6 * 11 = 66

6 * 12 = 72

6 * 13 = 78

6 * 14 = 84

6 * 15 = 90

4.3 while循环

Python中有两种循环，第一种for循环我们已经介绍过了，第二种则是while循环。它们的相同点在于它们都是一种循环，不同点在于for循环会在可迭代的序列被穷尽的时候停止，while则是在条件不成立的时候停止。因此，while的作用概括成一句话就是：只要…条件成立，就一直做……就好比这样一段情景：

```
while身高低于1.2米：→当身高低于1.2米的时候
    免票             →凡是符合上述条件就执行的动作
```

例如某旅游风景区的门口有一道门，这道门就是用上述的条件调控开关的，假设有很多人经过这个门，检测每个人的身高，只要身高低于1.2米,就免票（门打开，人可以进去），一个接一个地这样循环下去，突然有一个人身高是1.5米，那么这个循环在他这里就停止，也就是他不满足条件了。

在问题求解过程中，有时难以确定重复执行的次数，只能控制让指令重复执行的条件表达式值来决定是否继续执行，也就是说，如果布尔表达式（条件表达式）为真时将重复执行指令，为假时则停止执行。在Python中，利用while循环语句来实现，其常见格式如下：

```
while <条件>：<循环体>
```

while循环包含一个布尔判定，表示为“当布尔表达式为真时，不断循环，执行循环体内的代码”。其格式跟if语句很接近，条件也是个表达式，冒号后面是需要缩进的循环体。语句结构如图4.3.1所示。

图4.3.1　while语句结构

while语句在执行时，首先会判断其条件是否成立，如果条件为真，执行一次循环体，然后回到循环顶部，并再次判断条件是否成立，如果还成立，则再次执行一次循环体。也就是说，计算机会不断测试条件并执行循环体，直到条件为假时停止。其流程图如图4.3.2所示。

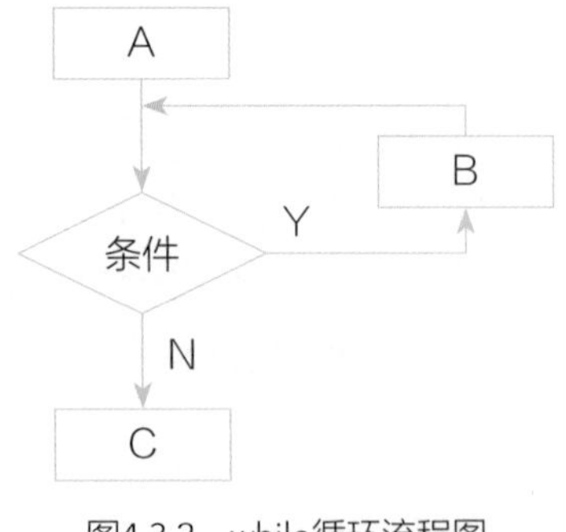

图4.3.2　while循环流程图

让我们来看一个if语句和一个while循环，它们使用同样的条件，并基于该条件做出同样的动作。下面是if语句的代码：

```
spam = 0
if spam < 5:
    print ('Hello, world.')
    spam = spam + 1
```

下面是while语句的代码：

```
spam = 0
while spam < 5:
    print ('Hello, world.')
    spam = spam + 1
```

这些语句类似，if和while都检查spam的值，如果它小于5，就打印一条消息。但如果运行这两段代码，它们各自的表现非常不同。对于if语句，输出就是“Hello,world.”。但对于while语句，输出是“Hello, world.”重复了5次！

两者为什么会有这么大的差别？分析两个语句会发现，带有if语句的代码检查条件，如果条件为True，就打印一次“Hello, world.”。带有while循环的代码则不同，会打印5次，打印5次后停下来，这是因为在每次循环迭代末尾，spam中的整数都增加1，这意味着循环将执行5次，然后spam < 5变为False。

在while循环中，条件总是在每次“迭代”开始时检查（也就是每次循环执行时）。如果条件为True，子句就会执行，然后，再次检查条件。当条件第一次为False时，while子句就跳过。

上面的while循环中，循环控制变量spam只是起到控制循环次数的功能。与for循环类似，while循环控制变量也可用于循环体。如要输出数字0 ~ 9，代码如下：

```
>>> x = 0
>>> while x < 10:
        print (x, end = " ")
        x = x + 1
```

```
0 1 2 3 4 5 6 7 8 9
>>> print (x)
10
```

代码第一行初始化循环控制变量（x = 0）。while循环开始时，需要给布尔表达式中的变量x赋值。每一次循环都会判定布尔表达式的值，即x < 10是否为真。因为x的初始值为0，所以当x的值为0、1、2、3、4、5、6、7、8、9时，布尔表达式的值都为真，当为10或比10大时，布尔表达式的值为假。为此，条件表达式修改为x < = 9也可以得到同样的结果。

循环体为“print (x, end = “ ”)”和“x = x + 1”两个语句。其中，语句“print (x, end = “ ”)”，在屏幕上输出变量的值。如果多次执行此语句，输出的内容将显示在同一行。而语句“x = x + 1”是用来改变循环控制变量的值。在这种情况下，让它的值增加1，重新给变量赋值。如果此时忘记改变循环控制变量的值，则布尔表达式的判定结果不会改变，永远产生真值，循环将永不停止。

当while循环结束后，输出x的值为10。也就是说，当x = 10时，使得布尔表达式为假，这就是while循环会结束的原因。

实际上可以用while循环来做和for循环同样的事，for循环只是更简洁。让我们用与for循环等价的while循环重写上一节中的“计算1 ~ 100的所有整数的和”的程序，代码如下：

```
>>> sum = 0
>>> i = 1
>>> while i < = 100:
        sum = sum + i
        i = i + 1

>>> print (sum)
5050
```

对比两段代码你会发现，for循环语句中的变量i在每次循环后自动增加（增加1），而while循环语句中的变量i在每次循环中利用语句i = i + 1来改变。若不慎忘记改变，则条件i < = 100始终成立，循环的条件永远为True，程序将永远执行下去，我们称为“无限循环”。因此，我们在编写while循环语句时，要格外

注意其条件，通过多种方式均能使条件改变。

退出无限循环

如果你运行一个有缺陷的程序，导致陷在一个无限循环中，那么请按Ctrl + C。这将向程序发送KeyboardInterrupt错误，使程序立即停止。试一下，在文件编辑器中创建一个简单的无限循环，将它保存为loop.py。

```
while True:
    print ('Hello world!')
```

如果运行这个程序，它将永远在屏幕上打印“Hello world！”，因为while语句的条件总是True。在IDLE的交互式环境窗口中，只有两种办法可以停止这个程序：按下Ctrl + C或从菜单中选择Shell→Restart Shell。如果你希望马上停止程序，即使它不是陷在一个无限循环中，Ctrl + C也是很方便的。

4-6 让用户输入“quit”时退出。

分析：要让用户输入特定的值（quit）才退出程序，否则一直要求用户输入。即重复执行输入内容的指令。代码如下：

扫一扫，看视频

```
message = " "
while message ! = "quit":
    message = input ("输入你要显示的信息（输入'quit'退出）：")
    print (message)
```

上述代码告诉用户有两个选择：要么输入一条消息，要么输入退出值（这里为'quit'）。接下来，我们创建了一个变量——message，用于存储用户输入的值。我们将变量message的初始值设置为空字符串" "，让Python首次执行while代码行时有可供检查的内容。Python首次执行while语句时，需要将message的值与'quit'进行比较，但此时用户还没有输入。如果没有可供比较的内容，Python将无法继续运行程序。虽然这个初始值只是一个空字符串，但符合要求，让Python能够执行while循环所需的比较。只要message的值不是'quit'，这个循环就会不断运行。

首次遇到这个循环时，message是一个空字符串。执行到代码行“message = input（“输入你要显示的信息（输入'quit'退出）：”）”时，Python显示提示消息，并等待用户输入。不管用户输入的是什么，都将存储到变量message中并打印出来；接下来，Python重新检查while语句中的条件。只要用户输入的不是单词“quit”，Python就会再次显示提示消息并等待用户输入。等到用户输入“quit”后，Python停止执行while循环，而整个程序也到此结束。代码运行效果如下：

```
输入你要显示的信息（输入'quit'退出）：I like Python!
I like Python!
输入你要显示的信息（输入'quit'退出）：Hello World!
Hello World!
输入你要显示的信息（输入'quit'退出）：quit
quit
>>>
```

运行这个程序你会发现，它将单词“quit”也作为一条消息打印了出来。为修复这个问题，只需使用一个简单的if语句即可，代码修改如下：

```
message = " "
while message ! = "quit":
    message = input ("输入你要显示的信息（输入'quit'退出）：")
    if message ! = "quit":
        print (message)
```

现在，程序在显示消息前将做简单的检查，仅在消息不是退出值时才打印它。

在前面的示例中，我们让程序在满足指定条件时就执行特定的任务，但在更复杂的程序中，很多不同的事件都会导致程序停止运行。例如，在游戏中，多种事件都可能导致游戏结束，如玩家一艘飞船都没有了或要保护的城市都被摧毁了，等等。导致程序结束的事件有很多时，如果希望在一条while语句中检查所有这些条件，我们常会用多个条件的逻辑运算或设置标志来处理。例如：

```
>>> x = 15
>>> y = 45
>>> while x < 30 and y < 50:
        x = x + 1
        y = y + 1
        print (x, y)


16 46
17 47
18 48
19 49
20 50
```

对于变量x我们从15开始计数，对于变量y从45开始计数，然后它们每次循环在执行时都增加1。循环的条件是由两个条件通过逻辑运算符“and”连接的布尔表达式，即要求x小于30并且y小于50（x < 30 and y < 50）。在循环了五次以后，y的值达到了50。条件x < 30 and y < 50不再为真，结束循环。

当然，我们也可定义一个变量，用于判断整个程序是否处于活动状态。这个变量被称为标志，充当了程序的交通信号灯。你可让程序在标志为True时继续运行，并在任何事件导致标志的值为False时让程序停止运行。这样，在while语句中就只需检查一个条件——标志的当前值是否为True即可，并将所有测试（是否发生了应将标志设置为False的事件）都放在其他地方，从而让程序变得更为整洁。如:

```
>>> x = 15
>>> y = 45
>>> active = True
>>> while active:
            x = x + 1
            y = y + 1
            print (x, y)
            if x > = 30 or y > = 50:
                active = False
```

```
16 46
17 47
18 48
19 49
20 50
```

我们将变量active设置成了True，让程序最初处于活动状态。这样做简化了while语句，因为不需要在其中做任何比较——相关的逻辑由程序的其他部分处理。只要变量active为True，循环就将继续运行。

在while循环中，我们使用一条if语句来改变变量active的值。如果变量x的值大于等于30或者变量y的值大于等于50，我们就将变量active设置为False，这将导致while循环不再继续执行。

4-7 猜数游戏。

编程实现一个“猜数游戏”。给定一个数让用户猜，用户输入数进行猜测，计算机给出相应提示，如：所猜数过大、过小或正确。若所猜数正确，则游戏结束，否则继续猜测。

① 分析问题。游戏中首先要确定一个让用户猜的具体数（变量number），然后读入用户输入的数（变量guess）。让计算机对这两个数反复进行比较，直到相等为止。其中，需要设置一个标志（布尔变量running）来控制游戏的进程。游戏过程中显示相关提示信息，如下：

$$结果 = \begin{cases} “偏小”(guess < number) \\ “正确”(guess = number) \\ “偏大”(guess > number)) \end{cases}$$

② 设计算法。要将用户输入的数与给定数进行反复比较，且不能确定比较的次数，此时，可采用while循环结构。具体算法如下：

a. 分别给定number和running的初值，如number的值为35，running的值为True。

b. 如果running的值为True，则执行循环体：

(a) 用户输入猜测的数。

(b) 猜测的数与给定数进行比较。若相等，给出“正确”的提示，并使running的值为False；否则，判断两数的大小，分别给出“偏大”“偏小”的提示信息。如果running的值为False，循环结束。

c. 重复执行步骤b。

③ 程序实现。根据算法，完整的程序如下：

```
number = 35
running = True
while running:
    guess = int (input ('请输入猜测的数：') )
    if guess == number:
        print ('正确')
        running = False
    elif guess < number:
        print ('偏小')
    else:
        print ('偏大')
```

程序运行后，测试效果如下：

```
请输入猜测的数：50
偏大
请输入猜测的数：20
偏小
请输入猜测的数：30
偏小
请输入猜测的数：40
偏大
请输入猜测的数：37
偏大
请输入猜测的数：34
偏小
请输入猜测的数：35
```

```
正确
>>>
```

① 利用while循环，编程计算1～100所有偶数的和。

② 喜欢的零食。

编写一个循环，提示用户输入一系列的零食名称，并在用户输入“quit”时结束循环。每当用户输入一种零食名称后，都打印一条消息，某某零食是你的最爱。

③ 电影票。

有家电影院根据观众的年龄收取不同的票价：不到3岁的观众免费；3～12岁的观众为20元；超过12岁的观众为45元。请利用while循环编程，在其中询问用户的年龄，并指出其票价。

④ 利用while循环，编程实现上一节中的乘法表。

⑤ 变量rat1和rat2中存放的是两只老鼠在实验开始时的体重数据。变量rate1和rate2中则分别存放的是两只老鼠体重的周增长率期望值（比如，每周5%）。

a. 利用while循环，计算实验开始几周之后，第一只老鼠才能增加25%的体重。

b. 假设刚开始时两只老鼠的体重相同，但我们希望老鼠1比老鼠2长得更快。利用while循环，计算实验开始几周之后，老鼠1重量超过老鼠2重量的1.3倍。

⑥ 持续让用户输入，每输入一个字符串，程序输出字符串的长度，直到输入quit程序终止运行。

⑦ 随机输入一个字符串，把最右面的5个不重复的字母挑选出来。具体要求如下：

a. 如果输入的字符串中找不出5个字母，要显示提示信息“找不到5个字母”。

b. 如果找到后，请输出包含它们的序列。

4.4 跳出循环——break和continue语句

通常，for和while循环的每一次迭代都会将其循环体内的所有语句执行一遍。不过，有时可能希望在中间离开循环，也就是for循环结束计数之前，或者while循环找到结束条件之前。有两种方法可以做到跳出循环：可以用continue直接跳到循环体的顶部，并重新开始下一次迭代；或者用break完全中止循环。

(1) 跳出——break

有时，循环的任务可能在其最后一次迭代完成之前就已经完成了，但如果只使用我们目前所掌握的知识，就必须要完成所有的迭代才行。例如，当我们需要找出一堆数中第一个偶数时，可能会写成下面这样：

```
j = -1
for i in [3, 9, 24, 5, 17, 56, 28]:
    if i % 2 == 0 and j == -1:
        j = i
print (j)
```

这里，我们需要两个变量：变量i依次存放从列表中取出的数；变量j存放的是找到的第一个偶数（以便在循环结束之后使用）。这样做程序的效率很低，当第一个偶数找到后，程序还是会把此后的所有数取出来判断一遍。

问题的解决方法很简单，只需增加一条break语句提前退出循环即可，它能立即跳到循环体外面。修改代码如下：

```
for i in [3, 9, 24, 5, 17, 56, 28]:
    if i % 2 == 0:
        break
print (i)
```

当条件i % 2 == 0成立的时候，执行循环体中的break语句，跳出循环，执行最后的打印语句，得到结果：24。含有break语句的循环结构的流程图如图4.4.1所示。

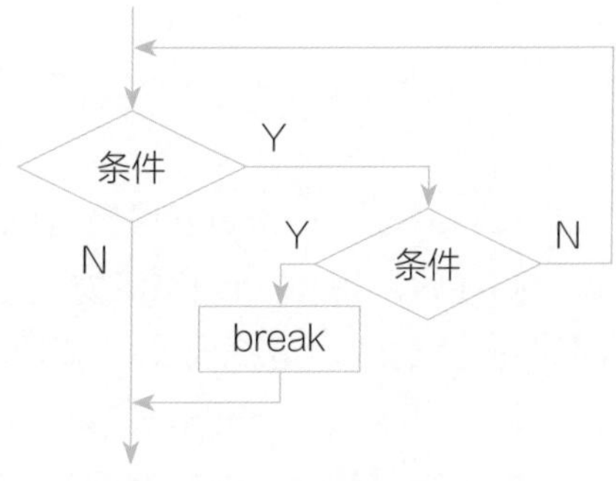

图4.4.1 含有break语句的循环结构的流程图

在while循环中，break语句的作用也是一样的。如上一节的“猜数游戏”中，当用户猜数正确，就结束循环。代码如下：

```
number = 35
running = True
while running:
    guess = int (input ('请输入猜测的数：') )
    if guess == number:
        print ('正确')
        break
    elif guess < number:
        print ('偏小')
    else:
        print ('偏大')
```

代码中，当guess == number为真时，输出“正确”的提示信息，并利用break语句跳出循环。

(2) 提前跳转——continue

如果希望停止执行循环的当前迭代，提前跳到下一次迭代，你需要的就是一条continue语句，它不像break语句那样不再执行余下的代码并退出整个循环。

例如一个从1数到10，但只打印其中偶数的循环：

```
number = 0
while number < 10:
    number = number + 1
    if number % 2 == 1:
        continue
    print (number)
```

我们首先将number变量设置成了0，由于它小于10，Python进入while循环。进入循环后，我们以步长1的方式往上数，因此number为1。接下来，if语句检查number与2的取模运算结果。如果结果为1（意味着number不能被2整除，number为奇数），就执行continue语句，让Python忽略余下的代码，并返回到循环的开头。如果当前的数字能被2整除，就执行循环中余下的代码，Python将这个数字打印出来：

2
4
6
8
10

含有continue语句的循环结构的流程图如图4.4.2所示。

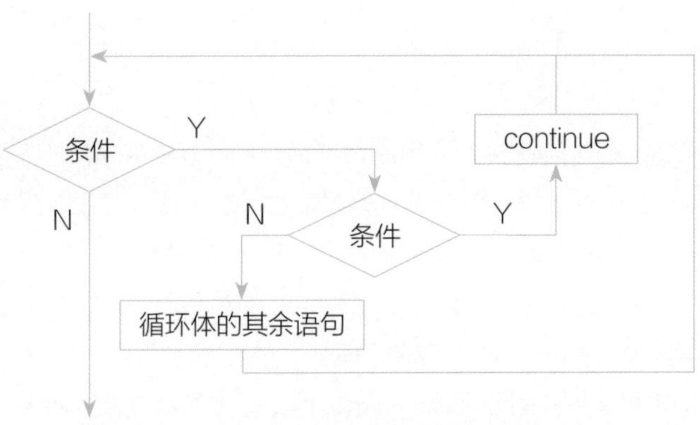

图4.4.2 含有continue语句的循环结构的流程图

在for循环中，continue语句的作用也是一样的。如：

```
for number in range (1, 11):
    if number % 2 == 1:
        continue
    print (number)
```

上述代码能得到同样的运行结果。

4-8 检验用户名和口令。

写一个程序，要求输入用户名和口令，并检验是否为Joe和swordfish。

分析：接收用户输入的用户名和口令，先判断用户名，当用户名不为Joe时，直接返回循环顶部，要求用户再次输入，跳过循环体中后面的语句；当用户名和口令一致时，结束循环。代码如下：

```
while True:
    name = input ("请输入用户名：")
    if name ! = 'Joe':
        continue
    password = input ("请输入口令：")
    if password == 'swordfish':
        break
print ('你输入的用户名和口令正确！')
```

运行上述代码，如果用户输入的用户名不是Joe，continue语句将导致程序执行跳回到循环开始处。再次对条件求值时，执行总是进入循环，因为条件就是True。如果程序执行通过了用户名的检测（第一条if语句），用户就被要求输入口令。如果输入的口令是swordfish，break语句运行，程序执行跳出while循环，打印“你输入的用户名和口令正确！”的信息。否则，程序继续执行到while循环的末尾，又跳回到循环的开始。这个程序的测试效果如下：

```
请输入用户名：Boy
请输入用户名：Joe
请输入口令：fish
请输入用户名：Joe
请输入口令：swordfish
你输入的用户名和口令正确!
```

① 编写一个程序，找出给定列表中的第一个奇数。

② 电影票。

有家电影院根据观众的年龄收取不同的票价：不到3岁的观众免费；3～12岁的观众为20元；超过12岁的观众为45元。请编写一个循环，在其中询问用户的年龄，并指出其票价，输入0结束循环。

4.5 嵌套循环

循环中的代码块可以包含任何东西，这也就是说循环内部还能包含另一个循环，这些循环就叫作嵌套循环。

下面这段代码会对列表outer的每个元素循环执行一次列表inner：

```
outer = ["Li", "Na", "K"]
inner = ["F", "Cl", "Br"]
for metal in outer:
    for halogen in inner:
        print (metal + halogen)
```

代码中，metal变量依次遍历outer列表中的元素，称为外层循环；outer列表中的每个元素都会执行一次列表inner，即halogen变量依次遍历inner列表，此称为内层循环。如metal变量为"Li"时，内层循环执行一次，halogen变量的值依次为"F"、"Cl"、"Br"，循环体为显示变量metal和halogen连接后的结果，即"LiF"、"LiCl"、"LiBr"。整个程序运行结果如下：

```
LiF
LiCl
LiBr
NaF
NaCl
NaBr
KF
KCl
KBr
```

如果外层循环有N_i次迭代，且每次迭代时内层循环会执行N_j次，则内层循环总共将会执行N_iN_j次。有一种特殊的情况，即当外层循环和内层循环均针对同一个长度为N的列表时，内层循环总共将会执行N^2次。如上例中，内层循环总共执行9次。

当然，我们也可以把上面的示例改编成while循环，如下：

```
outer = ["Li", "Na", "K"]
inner = ["F", "Cl", "Br"]
i = 0
j = 0
while i < len (outer):
    j = 0
    while j < len (inner):
        print (outer [i] + inner [j] )
        j = j + 1
    i = i + 1
```

代码中，分别用变量i和j来控制外层和内层循环的次数。

4-9 输出如图4.5.1所示的星号。

扫一扫，看视频

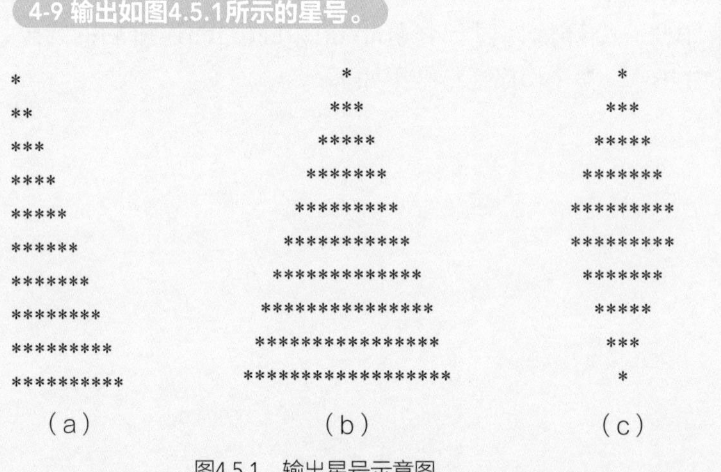

图4.5.1　输出星号示意图

分析：通过观察图4.5.1（a），不难发现总共输出10行，每行输出若干个星号，而且星号的数量和行号之间有一个函数关系，那就是星号的数量等于行号。这对于程序设计结构，可以通过嵌套循环实现，外层循环输出行，内层循环输出某一行的星号。假设i代表行号，则i的取值范围是1～10，j代表每行星号的数量，对于第i行而言，j的取值范围为1～i。根据上述分析，可编写如下代码：

```
for i in range (1, 11):
    s = " "
    for j in range (0, i):
        s = s + " * "
    print (s)
```

该实例还可以用更简单的方式实现。代码如下所示：

```
for i in range (1, 11):
    print (" * " * i)
```

我们再来看图4.5.1（b），该题仍然采用嵌套循环，不同的是，具体到每一行，i和j的函数关系发生了变化，该题中，对于第i行，前面要先输出10 - i个空格，再输出2 * i - 1个星号。具体代码如下：

```
for i in range (1, 11):
    s = " "
    for j in range (0, 10 - i):
        s = s + " "
    for j in range (0, 2 * i - 1):
        s = s + " * "
    print (s)
```

按照前面两个例子的分析，对图4.5.1（c）而言，仍然可采用嵌套循环。具体代码如下：

```
for i in range (1, 6):
    s = " "
    for j in range (0, 10 - i):
        s = s + " "
```

```
    for j in range (0, 2 * i – 1):
        s = s + " * "
    print (s)
for i in range (5, 0, – 1):
    s = " "
    for j in range (0, 10 – i):
        s = s + " "
    for j in range (0, 2 * i – 1):
        s = s + " * "
    print (s)
```

4-10 我们都学过乘法口诀表，又称“九九表”，如图4.5.2所示。接下来我们就用嵌套循环来实现。

1*1 = 1	1*2 = 2	1*3 = 3	1*4 = 4	1*5 = 5	1*6 = 6	1*7 = 7	1*8 = 8	1*9 = 9
2*1 = 2	2*2 = 4	2*3 = 6	2*4 = 8	2*5 = 10	2*6 = 12	2*7 = 14	2*8 = 16	2*9 = 18
3*1 = 3	3*2 = 6	3*3 = 9	3*4 = 12	3*5 = 15	3*6 = 18	3*7 = 21	3*8 = 24	3*9 = 27
4*1 = 4	4*2 = 8	4*3 = 12	4*4 = 16	4*5 = 20	4*6 = 24	4*7 = 28	4*8 = 32	4*9 = 36
5*1 = 5	5*2 = 10	5*3 = 15	5*4 = 20	5*5 = 25	5*6 = 30	5*7 = 35	5*8 = 40	5*9 = 45
6*1 = 6	6*2 = 12	6*3 = 18	6*4 = 24	6*5 = 30	6*6 = 36	6*7 = 42	6*8 = 48	6*9 = 54
7*1 = 7	7*2 = 14	7*3 = 21	7*4 = 28	7*5 = 35	7*6 = 42	7*7 = 49	7*8 = 56	7*9 = 63
8*1 = 8	8*2 = 16	8*3 = 24	8*4 = 32	8*5 = 40	8*6 = 48	8*7 = 56	8*8 = 64	8*9 = 72
9*1 = 9	9*2 = 18	9*3 = 27	9*4 = 36	9*5 = 45	9*6 = 54	9*7 = 63	9*8 = 72	9*9 = 81

图4.5.2　乘法口诀表

观察图4.5.2可知，乘法表共9行9列，每一行9个等式，每个等式为“数字a * 数字b = 两个数的积”，数字a与行号一致，数字b从1变化到9。因此，程序实现时，采用嵌套循环。外循环控制行，共9行，循环9次，循环变量设为i；内循环控制每个等式，共9个等式，也循环9次，循环变量设为j。对外循环来说，循环体为：打印每行的9个等式，然后换行；对内循环来讲，循环体为：打印1个等式。编写的代码如下：

```
for i in range (1, 10):
```

```
    for j in range (1, 10):
        print ("%d * %d = %2d" % (i, j, i * j), end = " ")
print (" ")
```

4-11 寻找完全数。

完全数是一个整数，其因数的和（不含本身的因数）加起来就是数字本身。下面是4个完全数的例子：

6 = 1 + 2 + 3

28 = 1 + 2 + 4 + 7 + 14

496 = 1 + 2 + 4 + 8 + 16 + 31 + 62 + 124 + 248

8128 = 1 + 2 + 4 + 8 + 16 + 32 + 64 + 127 + 254 + 508 + 1016 + 2032 + 4064

编写一段程序，在2～10000寻找所有的完全数。

(1) 分析问题

既然我们已经清楚什么是完全数，那么怎样才能编写一个程序来找出所有的完全数呢？

首先，要考虑范围（2～10000）的枚举，将每个数字取出，然后判断是否是完全数。对于数字的一一枚举，可采用for循环或while循环来实现。

其次，判断某个数是否为完全数。也就是说当某个数的因数和等于数字本身，即符合完全数的标准。因此，对于某个数N来说，潜在的因数为1～（N－1），采用整数除法，查看余数是否为0。如果为0，那么这个数为N的因数。再将N的所有因数的和与数字本身比较，若相等，N就是完全数。

(2) 算法设计

根据前面的分析，我们可以设计相应的算法如下：

① 依次取出2～10000范围内的所有整数。

② 判断某个数是否为完全数。

③ 输出所有的完全数。

将第②步骤细化为：

a. 求出某个数的所有整数因数；

b. 将每个整数因数的值相加；

c. 比较因数和与数字本身，判定该数是否为完全数。

(3) 程序实现

将问题分解为更简单的部分后，可以各个击破。一般都从最容易的地方着手，所以先考虑第①和第③步骤。第①步骤采用for循环或while循环，依次取出2～10000范围内的所有整数。代码如下：

```
for N in range (2, 10001):
```

第③步骤，当某个数满足完全数的条件时输出。代码如下：

```
if N == s:              #s为因数和
    a.append (N)        #a为存储完全数的列表
```

第②步骤，依次枚举潜在因数1～（N－1），对于一个潜在的因数D，需要确定整数除法N/D的余数是否为0。用Python表示时，需要确定是否N%D == 0，如果为0，那么D是N的因数。代码如下：

```
for D in range (1, N - 1):
    if N%D == 0:
        s = s + D
```

将所有程序段整合起来，完整的代码如下：

```
a = [ ]
for N in range (2, 10001):
    s = 0
    for D in range (1, N - 1):
        if N%D == 0:
            s = s + D
    if N == s:
        a.append (N)
print (a)
```

需要注意，对某一个N，其因数和s的初值都为0。程序的运行结果为：

```
[6, 28, 496, 8128]
```

① 利用嵌套的for循环，用字符T在屏幕上输出一个直角三角形。该三角形的最窄处为一个字符，而最宽处则为7个字符：

```
T
TT
TTT
TTTT
TTTTT
TTTTTT
TTTTTTT
```

② 利用嵌套的for循环，输出第①题所描述的那个直角三角形，但这次要将其斜边放在左边：

```
      T
     TT
    TTT
   TTTT
  TTTTT
 TTTTTT
TTTTTTT
```

③ 用while循环重新实现上面两个问题。

④ 编程输出如下的乘法表。

```
1*1 =  1
2*1 =  2    2*2 =  4
3*1 =  3    3*2 =  6    3*3 =  9
4*1 =  4    4*2 =  8    4*3 = 12    4*4 = 16
5*1 =  5    5*2 = 10    5*3 = 15    5*4 = 20    5*5 = 25
```

```
6*1 =  6   6*2 = 12   6*3 = 18   6*4 = 24   6*5 = 30   6*6 = 36
7*1 =  7   7*2 = 14   7*3 = 21   7*4 = 28   7*5 = 35   7*6 = 42   7*7 = 49
8*1 =  8   8*2 = 16   8*3 = 24   8*4 = 32   8*5 = 40   8*6 = 48   8*7 = 56   8*8 = 64
9*1 =  9   9*2 = 18   9*3 = 27   9*4 = 36   9*5 = 45   9*6 = 54   9*7 = 63   9*8 = 72   9*9 = 81
```

第5章 充电时刻

在现实生活中，我们对复杂任务的处理往往会采用“分解任务”的策略去完成。例如，班级要组织外出“野餐”活动，为了便于管理，班主任会将学生分成几个小组；小组内为了准备餐具、食物、其他工具等，小组长会将这些任务分解，让组内同学分别去准备。这种模块化工作划分并协同工作既能确保高效的合作，又能确保任务的顺利完成，计算机程序设计中也是如此。

随着让计算机处理的问题越来越复杂，我们编写的程序也会越来越庞大。需要一些方法把它们分成较小的部分进行组织，这样更易于编写，也更容易明白。例如，部分常用代码或者具有特定作用的功能块，可能会出现重复使用的情况，为了减少编程的工作量和复杂度，使程序设计、调试和维护等操作更加简单化，经常采用以功能块为单位的程序设计，即模块化编程来实现诸多算法问题的求解。

要把程序分解成较小的部分，常用的方法有函数、对象、模块等。函数（function）就像是代码的积木，可以反复地使用；利用对象（object），可以把程序中的各部分描述为自包含的单元；模块（module）就是包含程序各部分的单独的文件。在这一章中，我们将学习函数、对象和模块。学习完这些知识，我们就具备了所需要的全部基本工具，可以开始使用图形和动画创建游戏了。

5.1 函数

目前，每完成一项任务，需要输入所有的程序代码。如果需要在程序中多次执行同一项任务，你无须反复编写完成该任务的代码，而只需将完成重复工作的语句提取出来，将其编写为函数，在需要的时候可以再次调用它们来完成这些重复的工作。

5.1.1 函数基础

在我们编写的“温度转换”程序中，要将86华氏度转换为摄氏温度值。数学家会将此写作f (t) = 5/9 (t – 32)，其中的t是我们想要转换成摄氏温度值的华氏温度值。为了算出86华氏度是多少摄氏温度值，我们将t替换为86，这个函数就变成了f (86) = 5/9 (86 – 32)。数学中的函数定义了值之间的关系，以函数f (t) = 5/9 (t – 32)为例，若提供了t的值86，函数将执行计算，并返回对应的值，即30。其中称t为函数的参数，该函数的返回值为30。

在计算机科学中，函数的概念与数学中使用的函数概念类似，计算机函数具有数学函数的很多特点，但也添加了一些独特的功能使它们能用于编程。计算机函数是一组语句的集合，是完成某个工作的代码块，它是可以用来构建更大程序的一小部分。可以把这个小部分与其他部分放在一起，就像用积木搭“房子”一样，如图5.1.1所示。通过使用函数，你将发现，程序的编写、阅读、测试和修改都将更容易。

图5.1.1　积木搭“房子”

Python中的函数具有以下特点：

• 执行单独的操作。

• 采用零个或多个参数作为输入。

• 返回值作为输出。

在Python中，函数必须先声明，然后才能在程序中使用。使用函数时，只要按照函数定义的形式，向函数传递必需的参数，就可以完成函数所实现的功能。函数的调用过程如图5.1.2所示。

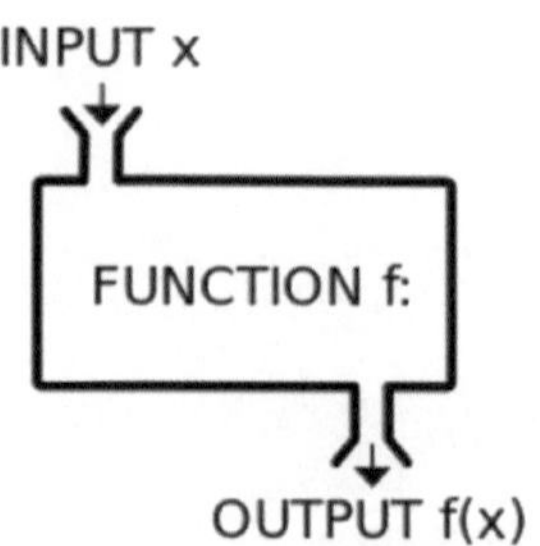

图5.1.2　函数的调用过程

5.1.2 函数定义

扫一扫，看视频

在Python中，使用def可以定义一个函数。完整的函数是由函数名、参数以及函数实现语句组成的。同前面讲解的Python基本语句一样，在函数中也要使用缩进以表示语句属于函数体。如果函数有返回值，那么需要在函数中使用return语句返回需要的值。声明函数的一般形式如下所示。

```
def <函数名>（参数列表）:
    <函数语句>
    return <返回值>
```

函数定义由关键字def开始，这意味着在函数的一些部分中包含了其他的Python语句和表达式。函数名必须遵循变量命名规则，函数语句是构成函数对象进行计算的部分，return语句表示从函数调用输出返回值。其中函数参数和返回值不是必需的，有些函数可能既不需要传递参数，也没有返回值，函数在执行return语句后结束。函数的一般形式如图5.1.3所示。

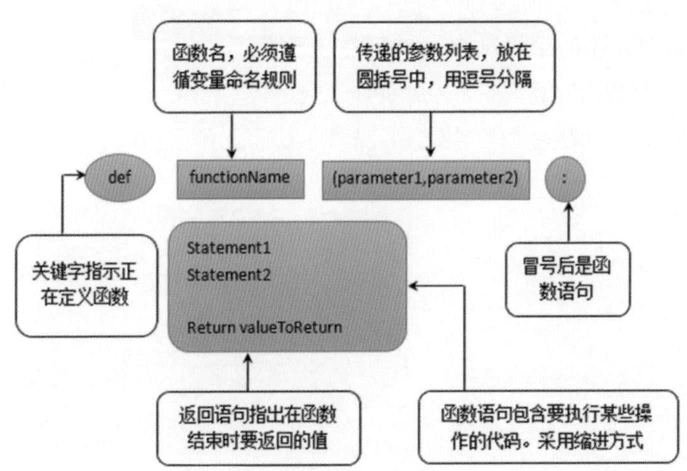

图5.1.3　函数一般形式

下面以华氏温度转换为摄氏温度为例来创建函数：

```
def f (fah):
    cel = 5/9 * (fah – 32)
```

```
    return cel
```

这样，就定义了一个名为f、参数为fah、返回值为cel变量值的函数。

资料卡片

Python中的函数参数

与C语言中函数的声明相比，在Python中声明一个函数不需要声明函数类型，也不需要声明参数的类型。Python在实际处理函数的过程中非常地灵活，不必为不同类型的参数声明多个函数，在处理不同类型数据时调用相应的函数即可。

5.1.3 函数调用

调用函数是指运行函数里的代码。如果我们定义了一个函数，但是从来不调用它，这些代码就永远也不会运行。如前面的代码只包含函数的定义，没有进行函数调用，运行程序后就没有结果显示。接下来调用函数，查看将返回什么样的结果。

在Python中只要使用函数名，然后在函数名后使用圆括号将函数需要的参数包围，不同的参数以“,”隔开。即使函数不需要参数，也要在函数名后使用圆括号。函数调用必须在函数声明之后。代码如下所示：

```
def f (fah):
    cel = 5/9 * (fah – 32)
    return cel

celsius = f (86)
print (celsius)
```

试着运行上述代码，你将看到程序运行结果为30.0。也就是说，通过“celsius = f (86)”语句调用定义好的函数f（fah），将86赋值给函数参数fah，经过函数计算，返回结果30.0并赋值给变量celsius。

此时，若要转换多个温度值，可反复调用函数f来进行，代码如下：

```
def f (fah):
    cel = 5/9 * (fah – 32)
    return cel


celsius1 = f (86)
celsius2 = f (68)
celsius3 = f (122)
print (celsius1, celsius2, celsius3)
```

使用函数的主要原因是一旦定义了函数，就可以通过调用反复地使用。所以如果我们想让三个华氏温度（86、68、122）分别转换为摄氏温度，可通过三次调用，程序运行后，显示结果为：30.0 20.0 50.0。

函数可以在程序文件中的任何地方进行定义，只是需要调用之前先进行函数定义。上例中，函数后面的四行语句称为主程序，程序就是从这里开始运行。def块中的代码并不是主程序的一部分，所以程序运行时，它会跳过这一部分，从def块以外的第一行代码开始运行。主程序调用函数时，就像是这个函数在帮助主程序完成它的任务。

上述程序运行时，主程序将一直执行，直到遇到函数调用f (86)。此时，主程序暂时停止，开始执行函数，因此主程序挂起，等待当前执行函数返回的结果。当函数执行完毕，挂起的调用程序接收函数的返回值，并从该点继续执行。因此，主程序中遇到函数调用时的执行步骤如下：

① 主程序的第一行代码开始执行；

② 调用函数时，跳到函数中的第一行代码；

③ 执行函数中的每一行代码；

④ 函数完成时，从离开主程序的那个位置继续执行。

此过程如图5.1.4所示。

当遇到函数调用f (68)，又执行一遍函数调用的过程，如此循环，直到主程序的语句全部执行完毕，程序结束。

编写程序时，函数可看作是一个问与答的过程。当它们被调用时，经常会问它们问题：“有多少个？”“什么时候？”“这个存在吗？”“这个可以改变吗？”作为响应，函数会返回包含答案的值，例如True、一个序列、一个数值等。

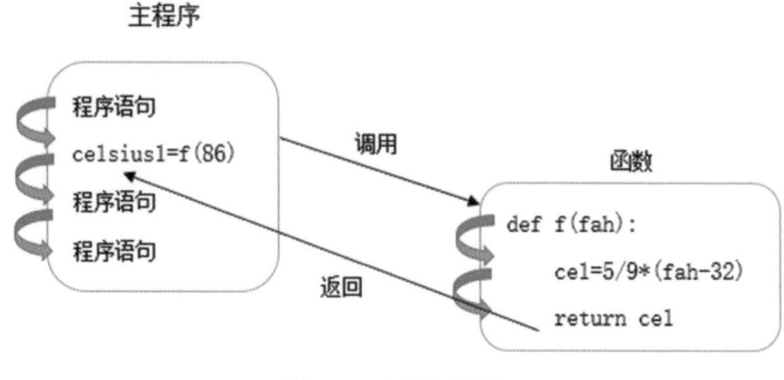

图5.1.4　函数调用过程

5.1.4 函数中的参数

在前面的示例中，对f函数进行了三次调用，通过括号内不同的数值，进行了三次问与答的过程，即“86华氏度转换成摄氏温度值是多少——30.0”“68华氏度转换成摄氏温度值是多少——20.0”“122华氏温度转换成摄氏度值是多少——50.0”。每次函数调用时都有不同的表现，这主要是函数中参数的功劳。在函数调用时传递给函数不同的参数值，如图5.1.5所示。

图5.1.5　函数调用时向函数传递参数

在函数f(fah)中，变量fah是一个形参（函数完成其工作所需的一项信息）。在代码f (86)中，值“86”是一个实参，实参是调用函数时传递给函数的信息。我们调用函数时，将要让函数使用的信息放在括号内。在f (86)中，将实参“86”传递给了函数f(fah)，这个值被存储在形参fah中。

f(fah)函数只有一个参数，不过函数可以有多个参数。下面来看一个带两个参数的例子，代码如下：

```
def Max (x, y):
    if x > y:
        Max = x
    else:
        Max = y
    return Max

m = Max (10, 30)
n = Max ("a", "b")
print (m, n)
```

代码中定义了一个带两个参数（x, y）的Max( )函数，功能是比较两个对象的大小，返回大的值。运行程序后，显示“30 b”。

调用函数时，Python必须将函数调用中的每个实参都关联到函数定义中的一个形参。为此，最简单的关联方式是基于实参的顺序，即实参的顺序与形参的顺序相同。对应关系如图5.1.6所示。

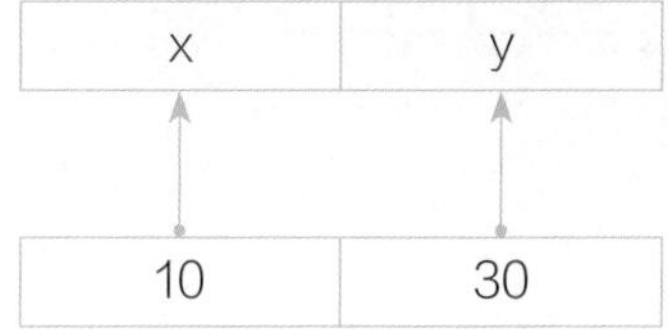

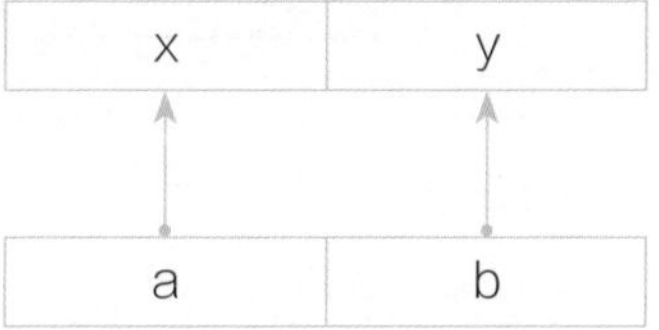

图5.1.6　实参与形参的对应关系

Max (10, 30)调用时，将10赋值给x，30赋值给y，函数中的语句对x和y进行比较，将较大的值30赋值给Max，通过return语句返回并赋值给变量m，所以变量m的值为30。同理，变量n的值为b。

函数调用过程中的实参和形参的命名和对应关系我们还可以通过下面的例子来进一步理解。

例如，我们定义一个叫作手电筒（light）的函数，它需要两个参数batt1和batt2，意为电池：

```
def light (batt1, batt2):
    return "Light!"
```

这时候你去商店买电池，买回了两节600毫安的电池，于是：

```
nf1 = 600
nf2 = 600
light (nf1, nf2)
```

电池是可以让手电筒发光的东西，将两节电池放入就意味着我们放入了手电筒所需的电池，换句话说，nf1和nf2是变量，同时也是满足能够传入函数light( )的实参，传入后就代替了原有的batt1和batt2。batt1和batt2只是形式上的参数，表达的意思是函数所需的参数应该是和电池有关的变量或者对象。两者的关系类似于电池仓与电池的关系，如图5.1.7所示。

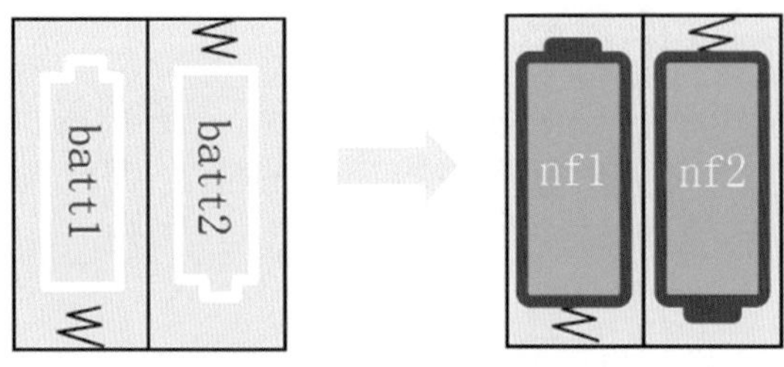

图5.1.7　电池仓与电池的关系

函数中参数的数据类型可以是数值、字符串、列表等。如下面的函数实现了求一个列表中所有元素之和，其参数L为所要求解的列表，result就是列表中所有整数的和，最后函数使用return语句将result返回。

```
def LisSum (L):
    result = 0
    for i in L:
        result = result + i
    return result
s = LisSum ( [3, 8, 15, 4] )
print (s)
```

程序在调用函数时，将列表[3, 8, 15, 4]传递给参数L。函数对L中的元素进行求和，结果为30。

5.1.5 变量作用域

利用函数，在处理某些较为复杂的计算工作时，需要用到一些变量来保存运算结果，如上面求某个列表中的元素和函数中，求和结果用result来保存。你可以试着在主程序中显示result变量的值，程序运行时会提示“name ‘result’ is not defined（‘result’未定义）”信息。也就是说，在函数LisSum以外，变量result根本没有定义。这是因为result变量创建于函数内部，称为局部变量，这种变量只存在于函数执行的过程中，当函数执行完毕，这些变量就不存在了，试图在函数外部访问局部变量的做法是会导致出错的，这跟访问一个没有定义的变量是一样的。

变量的作用域就是程序中能够访问到它的那个区域。例如，某个变量的作用域始于定义它的那行代码，终于函数的结尾。也就是说，全局作用域是所编写的整个程序，局部作用域是某个函数的内部范围。

在函数里已经声明的变量名，还可以在函数以外继续使用，而在程序运行的过程中，其值并不相互影响。代码如下所示：

```
def funl (x):
    a = x
    print (a)
a = 5
funl (2)
print (a)
```

运行上述程序，结果如下：

```
2
5
```

上述实例中两个同名的变量之所以其值不同，是因为它们处于不同的作用域里。函数中的变量a处于局部作用域中，而函数外的变量a处于全局作用域内，局部作用域内变量的改变并不影响全局作用域内的变量。

如果要在函数中使用函数外的变量，可以在变量名前使用global关键字。代码如下所示：

```
def fun (x):
    global a            #使用global关键字声明全局变量
    s = a + x
    return s
a = 5                   #a为全局变量，即fun函数中的a
print (fun (3) )        #调用函数并打印结果
a = 2                   #修改a的值
print (fun (3) )        #再次调用函数并打印结果
```

运行上述程序，结果如下：

```
8
5
```

如果使用global关键字，Python不会建立名为a的局部变量，而是会使用名为a的全局变量。上例中，主程序中先执行a = 5语句，使变量a的值为5，执行fun (3)时，函数内的变量a为全局变量，值也为5，因此变量s的值为8。当执行a = 2语句时，将变量a的值修改为2，函数中的变量a也变成2，同样调用函数fun (3)时，结果变为5。

① 建立一个函数，可以打印全世界任何人名、性别、城市、省份和国家等信息（提示：这需要5个参数，可以把它们作为单独的参数传入，也可以作为一个列表传入）。

② 编写一个函数计算零钱的总面值，包括一分币、二分币和五分币，函数应当返回这些硬币的总面值，然后编写一个程序调用这个函数，程序运行时应该得到类似下面的输出：

```
一分币：6
二分币：5
五分币：7

总面值（元）：0.51
```

③ 斐波那契数列是：1, 1, 2, 3, 5, 8, 13…可以看到，第一个和第二个数字均为1，此后，每个数字是前两个数字的和。

a. 编写函数来输出斐波那契序列的前n个数字。

b. 编写函数，显示序列中的第n个数字。

④ 假设你在超市购买东西，如果你是会员，在超市购买商品会得到10%的折扣。请编写函数，输入购买商品的价格和布尔变量（表示是否为会员），使用恰当的折扣，并返回该商品的最终价格（注：该商品的价格不必是整数）。

⑤ 下面这个函数实现什么功能？对于num = 5，该函数返回什么？

```
def func (num):
    total = 0
    while num > 0:
        total = total + num * (num – 1)
        num = num – 1
    return total
```

⑥ 运行以下程序，理解变量的作用域。

```
def funl (x):
    a = [1]
    a.append (x)
    print (a)
a = [2, 3, 4]
funl (2)
print (a)
```

⑦ Collatz序列。

编写一个名为Collatz( )的函数，它有一个名为number的参数。如果参数是偶数，那么Collatz( )就打印出number//2，并返回该值；如果number是奇数，Collatz( )就打印并返回3 * number + 1。

然后编写一个程序，让用户输入一个整数，并不断对这个数调用Collatz( )，直到函数返回值1（令人惊奇的是，这个序列对于任何整数都有效，利用这个序列，你迟早会得到1！即使数学家也不能确定原因）。

这个程序的输出应该像这样：

```
请输入一个整数：3
10
5
16
8
4
2
1
```

5.2 对象

在前几章中，我们已经了解了可以使用不同方式组织数据和程序，列表可以收集变量（数据），函数可以把一些代码收集到能够反复使用的单元中。

对象（object）则让这种收集的思想更向前迈进一步，对象可以把函数和数据收集在一起。这个思想在编程中非常有用，而且在很多程序中都已经被采用。按编程的术语来讲，我们说Python是面向对象的（object-oriented）。

面向对象程序设计

面向对象程序设计（object–oriented programming，OOP）是一种程序设计范型，同时也是一种程序开发的方法。对象指的是类的实例，它将对象作为程序的基本单元，将程序和数据封装其中，以提高软件的重用性、灵活性和扩展性。

面向对象程序设计可以看作一种在程序中包含各种独立而又互相调用的对象的思想，这与传统的思想刚好相反，传统的程序设计主张将程序看作一系列函数的集合，或者直接就是一系列对电脑下达的指令。面向对象程序设计中的每一个对象都应该能够接收数据、处理数据并将数据传达给其他对象，因此它们都可以被看作一个小型的“机器”，即对象。

5.2.1 真实世界中的对象

什么是对象，如果我们不是在讨论编程，当我问到这个问题时，可能会有如图5.2.1所示的对话。

图5.2.1 关于“对象”的对话

拿球来举个例子。可以操作一个球，比如捡球、抛球、踢球或者打球，我们把这些操作称为动作（action）；还可以通过指出球的颜色、大小和重量来描述一个球，这些就是球的属性（attribute）。

真实世界中的对象（物体）包括两个方面：

- 可以对它们做什么（动作）。
- 如何描述（属性或特性）。

编程中也是如此，例如，整数、字符串、列表等都是对象，通常可以在程序中很方便地使用这些对象。

5.2.2 对象与类

类是对某一群具有同样属性和方法的对象的整合。例如这个世界上有很多长翅膀并且会飞的生物，于是人们就将它们统一称为“鸟”——这就是一个类，它也可以称作“鸟类”。生物有不同的种类，食物有不同的种类，人类社会的种种商品也有不同的种类，但凡可被称之为一类的物体，它们都有着相似的特征和行为方式。

例如，同样的汽车模型可以制造出多辆汽车，每辆汽车就是一个对象，汽车模型则为一个类。车牌号可以标识每辆汽车，不同的汽车有不同的颜色和价格，因此车牌号、颜色、价格是汽车的属性。图5.2.2描述了类与对象的关系。

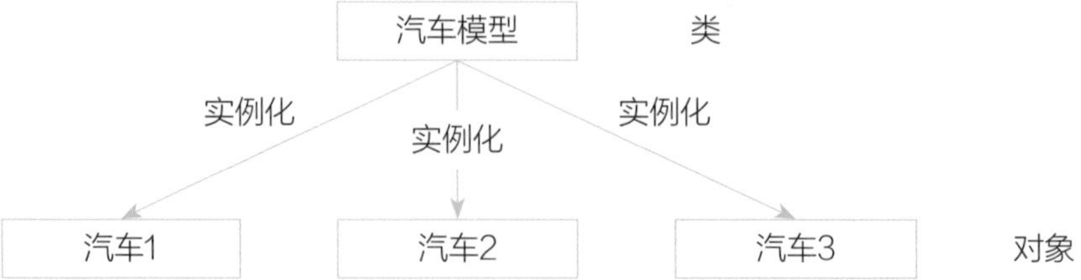

汽车模型　　类

实例化　实例化　实例化

汽车1　汽车2　汽车3　　对象

图5.2.2　类与对象的关系（一）

汽车模型是对汽车特征和行为的抽象，而汽车是实际存在的事物，是客观世界中实实在在的实物。根据类的定义可以构造出许多对象，现实生活中可以看到很多这样的例子，如按照零件模型可以制造出多个零件，按照施工图纸可以建造出多栋楼房。

编程中类的概念与现实生活中类的概念很相似，每个类都具有自己的属性和方法，类的属性实际上就是类内部的变量，而类的方法，则是在类内部定义的函数。

根据类来创建对象被称为实例化，这让你能够使用类的实例。对象是具体的事物，是实例化后的类。每个对象的属性值可能不一样，但所有由同一类实例化得来的对象都拥有共同的属性和方法。在程序中由类实例化成对象，然后使用对象的方法进行操作，完成任务，一个类可以实例化生成多个对象，类与对象的关系如图5.2.3所示。

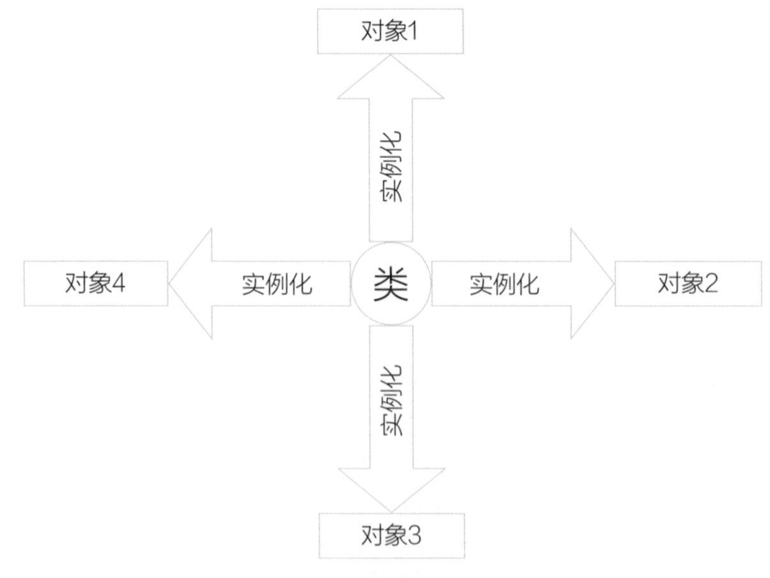

图5.2.3　类与对象的关系（二）

5.2.3 Python中的对象

在Python中，一个对象的特征也称为属性（attribute），动作称为方法（method），大多数对象都包含了数据以及可用于该数据的方法。字符串是前面已经接触过的对象，一个字符串不仅包含文本，也有关联的方法，这使得字符串不仅代表文本，还提供了一些功能，例如有如下字符串：

```
s = "Hello"
```

除了处理的数据，即文本“Hello”，字符串这种对象还拥有方法。每一个字符串都有一些方法，如返回小写的字符串的lower方法，以及返回一个完全大写的字符串的upper方法：

```
>>> s.lower( )
'hello'
>>> s.upper( )
'HELLO'
```

(1) 对象的创建

在Python中，通常使用类来创建一个真正的对象，这个对象称为这个类的实例（instance）。

类在使用之前首先需要定义，类的定义与函数的定义类似，不同的是，类的定义使用关键字“class”，类名的首字符一般要大写。与函数定义相同，在定义类的时候也要使用缩进以表示缩进的语句属于该类，一般类的定义形式如下所示。

```
class <类名>:
    <语句1>
    <语句2>
    …
    <语句n>
```

与函数定义一样，在使用类之前必须先定义类，类的定义一般放在程序的头部。以下实例定义了一个Book类，并定义了“书名”和“页数”的属性。

```
class Book( ):          #定义Book类
    name = " "          #定义“书名”属性
    pages = 0           #定义“页数”属性
```

类定义后就产生了一个名字空间，与函数类似。在类内部使用的属性，相当于函数中的变量名，还可以在类的外部继续使用。类的内部与函数的内部一样，相当于一局部作用域，不同类的内部也可以使用相同的属性名。

类在定义后必须先实例化才能使用，类的实例化与函数调用类似，只要使用类名加圆括号的形式就可以实例化一个类。类实例化以后会生成一个对象，一个类可以实例化多个对象，对象与对象之间并不相互影响，类实例化以后可以使用其属性和方法等。

```
a = Book( )
print (a.name, a.pages)
```

上述代码对Book类实例化后产生了一个对象a，并显示该对象的name和pages的属性值。从上例可以看出类的实例化相当于调用一个函数，这个函数就是类。函数返回一个类的实例对象，返回后的对象就具有了类所定义的属性。要表示对象a的某个属性，可以采用点号“.”的方式，点号“.”后面的称之为类或者实例的属性，如a.name表示a对象name的属性，另外，还可以通过这种方式给属性赋值，如：

```
class Book( ):
    name = " "
    pages = 0

a = Book( )
b = Book( )
b.name = "Python"
b.pages = 254
```

```
print (a.name, a.pages)
print (b.name, b.pages)
```

运行上述代码后，显示结果为：

```
0
Python 254
```

上例中分别创建了a和b两个实例对象，可以看到，设置其中一个对象的属性，并不影响另一个对象的属性。

(2) 属性和方法

每个对象都有其独特的性质、状态及行为等特性，描述对象有两个要素：属性和方法。属性是描写对象静态特性的数据元素，例如描写一个人可以采用姓名、性别、身份证号等属性；方法是用于描写对象动态特性（行为特性）的一组操作，例如每个人都具有工作、学习等行为特性。

上例中我们已经简单地定义和使用了类的属性，在创建a和b对象时，并没有name和pages的具体属性值，要在创建对象后才能设置具体值，如对象b的赋值操作。下面有一种方法可以在创建对象时设置属性。

① 属性。在类定义时，可以定义一个特定的方法，名为__init__( )，只要创建这个类的一个新实例，就会运行这个方法，可以向__init__( )方法传递参数，这样创建实例时就会把属性设置为你希望的值。例如：

```
class Book( ):
    def __init__ (self, name, pages):
        self.name = name
        self.pages = pages

b = Book ("Python", 254)
print (b.name, b.pages)
```

运行这段代码，得到的结果与前面的一样，区别在于该段代码使用了__init__( )方法来设置属性。

__init__( )方法

__init__( )是initialize（初始化）的缩写，这也就意味着即使我们在创建实例的时候不去引用__init__( )方法，其中的命令也会先被自动地执行。__init__以两条下划线开始，中间加init，在两条下划线后加括号的格式书写。

__init__( )的神奇之处在于，如果你在类里定义了它，在创建实例的时候它就能帮你自动地处理很多事情，例如新增实例属性。__init__( )方法可以给类的使用提供极大的灵活性。

除了必写的self参数之外，__init__( )同样可以有自己的参数，如上例中(name, pages)两个参数。在实例化的时候，在类后面的括号中放入参数，如("Python", 254)，相应的所有参数都会传递到这个特殊的__init__( )方法中，和函数的参数用法完全相同。

② 方法。从上例中我们已经看到，类的方法实际上就是类内部使用def关键字定义的函数，定义类的方法与定义函数基本相同，在类的方法中同样也要使用缩进。

在类内部使用def关键字可以为类定义一个方法，与函数定义不同的是，类的方法必须包含参数“self”，且“self”必须为第一个参数。如以下代码为上例中的Book类添加一个show的方法。

```
class Book( ):
    def __init__ (self, name, pages):
        self.name = name
        self.pages = pages

    def show (self):
        print (self.name)

b = Book ("Python", 254)
b.show( )
```

代码运行结果如下：

```
Python
```

上述代码中，show方法是显示name的属性值，方法的调用很简单，就在对象名后用“.”号加方法名，如b.show( )。

你可能已经注意到，在类属性和方法定义中多处出现了“self”，例如：

```
def show (self):
```

但是在实例化的时候，似乎没有这个参数什么事儿，那么self是干什么的呢？

以self为前缀的变量都可供类中的所有方法使用，我们还可以通过类的任何实例来访问这些变量。而函数中的self参数，我们前面提过，使用一个类可以创建多个对象实例，而产生的每个对象又可以调用类中的方法，这时，方法必须知道是哪个实例对象调用了它，是a对象还是b对象，这就由self参数来告知，这称为实例引用（instance reference），类似于这样：

```
Book.show (b)
```

在这种情况下，我们告诉了show( )方法对象b要显示信息。

资料卡片

self

self这个名字在Python中没有任何特殊的含义，只不过所有人都使用这个实例引用名，这也是让代码更易读的一个约定。也可以把这个实例变量命名为你想要的任意合法的变量名，不过强烈建议你遵循这个约定，以便于程序的阅读和程序的统一。

(3) 一个示例类——Dog

下面来编写一个表示小狗的简单Dog类，它表示的不是特定的小狗，而是任何小狗。对于大多数宠物狗，它们都有名字和颜色，我们还知道，大多数小狗还会蹲下和打滚，由于大多数小狗都具备上述两项信息（名字和颜色）和两种行为（蹲下和打滚），那么我们的Dog类将包含它们，具体描述如下：

类名：Dog
属性：名字、颜色
方法：蹲下、打滚

根据Dog类创建的每个实例都将存储名字和颜色，我们赋予了每条小狗蹲下［sit( )］和打滚［roll_over( )］的能力，代码如下：

```
class Dog( ):
    def __init__ (self, name, color):
        self.name = name
        self.color = color

    def sit (self):
        print (self.name.title( ) + "蹲下！")

    def roll_over (self):
        print (self.name.title( ) + "打滚！")

dog1 = Dog ("阿黄", "黄色")
print ("狗名叫：" + dog1.name + "，颜色为：" + dog1.color)
dog1.sit( )
dog2 = Dog ("阿美", "白色")
print ("狗名叫：" + dog2.name + "，颜色为：" + dog2.color)
dog2.roll_over( )
```

上述代码，我们定义了一个名为Dog的类，采用__init__( )方法对数据成员赋值。

Dog类还定义了另外两个方法：sit( )和roll_over( )。由于这些方法不需要额外的信息，如名字或颜色，因此它们只有一个形参self。我们后面创建的实例能够访问这些方法，换句话说，它们都会蹲下和打滚。当前，sit( )和roll_over( )所做的有限，它们只是打印一条消息，指出小狗正蹲下或打滚，但可以扩展这些方法以模拟实际情况：如果这个类包含在一个计算机游戏中，这些方法将包含创建小狗蹲下和打滚动画效果的代码；如果这个类是用于控制机器狗的，这些方法将引导机器狗做出蹲下和打滚的动作。

我们创建了两条小狗，它们分别命名为“阿黄”和“阿美”。每条小狗都是一个独立的实例，有自己的一组属性（名字和颜色），能够执行相同的操作（蹲下和打滚）。代码运行后的结果如下：

```
狗名叫：阿黄，颜色为：黄色
阿黄 蹲下！
狗名叫：阿美，颜色为：白色
阿美打滚！
```

动手试试

① 餐馆。创建一个名为Restaurant的类，其方法__init__( )设置两个属性：name和ty。创建一个名为describe( )的方法和一个名为open( )的方法，其中前者打印前述两项信息，而后者打印一条消息，指出餐馆正在营业。

根据这个类创建一个名为restaurant的实例，分别打印其两个属性，再调用前述两个方法。

② 用户。创建一个名为User的类，其中包含属性first_name和last_name，还有用户简介通常会存储的其他几个属性。在类User中定义一个名为describe_user( )的方法，它打印用户信息摘要；再定义一个名为greet_user( )的方法，它向用户发出个性化的问候。

创建多个表示不同用户的实例，并对每个实例都调用上述两个方法。

③ 矩形。创建一个名为Rectangle的类，其中包含属性left-top（左上角坐标）、right-bottom（右下角坐标）。此矩形为四边都是水平或垂直方向。创建一个名为getPerimeter( )的方法和一个名为getArea( )的方法，分别计算出矩形的周长和面积。

创建多个表示不同矩形的实例，并对每个实例都调用上述两个方法，计算出矩形的周长和面积。

5.3 模块

利用函数可以将多条代码包装在一起，利用对象可以将数据与函数包装在一起，以便它们能在一个程序中重用。而本节要学习的模块，可以将函数或类收集在一起，以便其被任意数量的程序使用。Python还提供了创建包的工具。包实际上是多个模块聚集在一起形成的，之所以要聚集在一起，通常是因为这些模块提供了相关联的功能，或者彼此存在一定的依存关系。

5.3.1 模块基础

模块（module）是指组装到单个文件中的函数集合，我们在学习函数时提到过，函数就像积木，那么模块可以认为是一桶积木，如图5.3.1所示。根据需要，你可以从一个桶中取很多或者很少的积木，也可以有很多桶不同的积木，也许有一桶正方形积木，一桶长方形积木，还有一桶奇形怪状的积木。在计算机程序设计时，通常也采用这种方法来使用模块，也就是说，我们会把类似的函数收集在一个模块中，或者把一个项目需要的所有函数收集在一个模块中，就像会把搭城堡需要的所有积木都放在一个桶中一样。

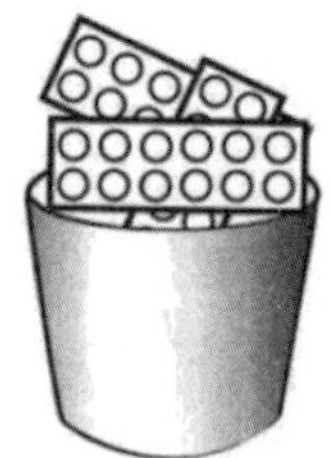

图5.3.1　积木

Python模块，简单说就是一个“.py”文件，其中可包含我们需要的任意Python代码。到目前为止，我们所编写的所有程序都包含在单独的“.py”文件中，因此，它们既是程序，同时也是模块。程序和模块的区别在于，程序的设计目标是运行，而模块的设计目标是由其他程序导入使用。

同一个模块中的函数通常都有着某种联系，例如math模块中就含有诸如cos（余弦）和sqrt（平方根）等数学函数。Python提供了大量的模块，有些模块内置在Python之中，还有一些可以单独下载，这里有帮助你写游戏软件的模块（如内置的Tkinter和非内置的Pygame），用来操纵图像的模块（如PIL，Python图像库），用于数学计算操作的模块（如math），实现常用字符串处理的模块（如string），还有用来画3D立体画的模块（如panda3D）等。Python也包含很多用于特定领域、帮助用户处理各种工作的模块工具，诸如文档生成、单元测试、数据库、网页浏览器、电子邮件、FTP（文件传输）、GUI（图形用户界面）甚至密码系统等有关操作的模块，这些模块为操作系统、解释器和互联网之间的交互等提供了有效的工具。

5.3.2 引入模块

模块可以用来做各种有用的事情。例如，如果你在设计一个模拟游戏，你想让游戏中的世界有真实感，你可以使用内置的time模块来计算当前的日期和时间：

```
>>> import time
```

在这里，import（引入）命令告诉Python我们想要使用模块time。

在Python中可以使用以下方法导入模块或者模块中的函数。

- import　**模块名**
- import　**模块名**　as　**新名字**
- from　**模块名**　import　**函数名**

其中使用import是将整个模块导入，而使用from则是将模块中某一个函数或者名字导入，不是整个模块。使用import和from导入模块还有一个不同之处：使用import导入模块时，要使用模块中的函数，则必须以模块名加“.”，然后是函数名的形式调用函数；而使用from导入模块时，则可以直接使用模块中的函数名调用函数。

资料卡片

使用函数查看模块（函数）信息

模块导入后，可以使用内置函数dir( )来查看模块内部的函数名（以及类和常量标识符名称等），如下所示。

```
>>> dir( )
['__annotations__', '__builtins__', '__doc__', '__loader__', '__name__', '__package__', '__spec__']
```

```
>>> import time
>>> dir( )
['__annotations__', '__builtins__', '__doc__', '__loader__', '__name__', '__package__', '__spec__', 'time']
>>> dir (time)
['_STRUCT_TM_ITEMS', '__doc__', '__loader__', '__name__', '__package__',
'__spec__', 'altzone', 'asctime', 'clock', 'ctime', 'daylight', 'get_clock_info',
'gmtime', 'localtime', 'mktime', 'monotonic', 'monotonic_ns', 'perf_counter',
'perf_counter_ns', 'process_time', 'process_time_ns', 'sleep', 'strftime',
'strptime', 'struct_time', 'thread_time', 'thread_time_ns', 'time', 'time_ns',
'timezone', 'tzname']
```

由上述代码可知，dir( )函数若不带参数，将返回当前所有内置模块及已导入的模块名，如果后面带上模块名参数，将返回该模块内的所有函数、常量标识符等名称。

如果要进一步具体了解某个函数的作用，可使用help( )函数，例如：

```
>>> help (time.asctime)
Help on built-in function asctime in module time:

asctime (...)
    asctime ( [tuple] ) → string

    Convert a time tuple to a string, e.g. 'Sat Jun 06 16:26:11 1998'.
    When the time tuple is not present, current time as returned by localtime( )
    is used.
```

以下实例分别使用import和from导入模块，然后调用time模块中的asctime( )函数。

```
>>> import time
```

```
>>> print (time.asctime( ) )
Wed Jul 25 16:29:38 2018
>>> from time import asctime
>>> print (asctime( ) )
Wed Jul 25 16:30:12 2018
```

函数asctime( )是time模块的一部分，它作为一个字符串返回当前的日期和时间。

当使用模块中的函数时，使用from导入模块较方便，不用在调用函数时使用模块名。如果需要使用模块中的所有函数，则可以在from中使用“*”通配符，表示导入模块中的所有函数。

```
>>> from calendar import *
>>> prmonth (2018, 7)
     July 2018
Mo Tu We Th Fr Sa Su
                   1
 2  3  4  5  6  7  8
 9 10 11 12 13 14 15
16 17 18 19 20 21 22
23 24 25 26 27 28 29
30 31
```

上述代码中使用“from calendar import *”语句导入calendar模块的所有函数，第二行直接调用prmonth( )函数可打印出某个月的月历。

5.3.3 常见模块

下面介绍几个标准库中的基本模块，更多的模块你可以在以后的学习中根据需要逐步熟悉掌握。

(1) os模块

os模块包含了常用的操作系统功能，其常用函数如表5.3.1所示。

表5.3.1　os模块中的常用函数

名称	含义
os.getcwd( )	返回当前工作目录
os.chdir (path)	改变工作目录
os.listdir (path = '.')	列举指定目录中的文件名（'.'表示当前目录，'..'表示上一级目录）
os.mkdir (path)	创建单层目录
os.makedirs (path)	递归创建多层目录
os.remove (path)	删除文件
os.rmdir (path)	删除单层目录，如该目录非空则抛出异常
os.removedirs (path)	递归删除目录，从子目录到父目录逐层尝试删除
os.rename (old, new)	将文件old重命名为new
os.system( )	用来运行Shell命令，可方便调用或执行其他脚本和命令

5-1 用记事本打开文件。

首先导入模块os，然后执行system ("notepad")命令，可以打开Windows“记事本”程序。若输入“system ("notepad news.txt")”命令可以打开“记事本”程序并显示当前目录下指定的文本文件（此处为news.txt），可用如下代码实现：

```
from os import *
system ("notepad news.txt")
```

图5.3.2所示为上述代码执行的结果。

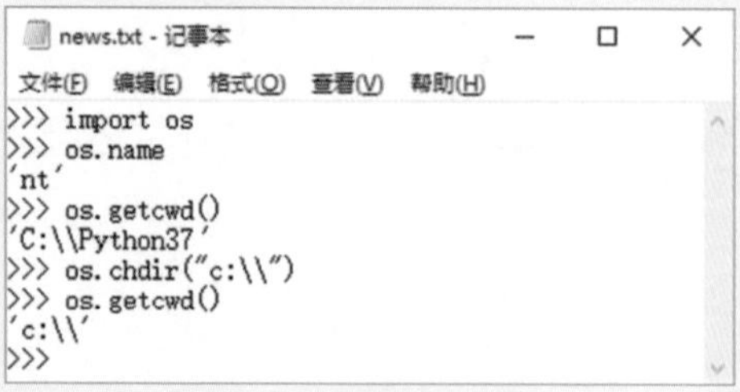

```
news.txt - 记事本
文件(F) 编辑(E) 格式(O) 查看(V) 帮助(H)
>>> import os
>>> os.name
'nt'
>>> os.getcwd()
'C:\\Python37'
>>> os.chdir("c:\\")
>>> os.getcwd()
'c:\\'
>>>
```

图5.3.2　代码执行结果

(2) math模块

在数学中，除了加减乘除四则运算之外还有其他更多的运算，例如乘方、开方、对数运算等，要实现这些运算，需要用到Python中的一个模块——math。

math模块中的常用常数与函数如表5.3.2所示。

表5.3.2 math模块中的常用常数与函数

名称	含义
math.e	自然常数e
math.pi	圆周率pi
math.ceil (x)	对x向上取整，比如x = 1.2，返回2
math.floor (x)	对x向下取整，比如x = 1.2，返回1
math.pow (x, y)	指数运算，得到x的y次方
math.log (x)	对数，默认基底为e
math.sin (x)	正弦函数
math.cos (x)	余弦函数
math.tan (x)	正切函数
math.degrees (x)	角度转换成弧度
math.radians (x)	弧度转换成角度

5-2 计算圆面积。

在计算某个圆的面积s时，只要知道该圆的半径r，再通过公式$s = \pi r^2$计算便可得到结果。在编写程序的过程中，可以调用math模块中的圆周率常数pi，也可以使用pow (r, 2)来完成r^2的计算，由此可编制求圆面积的完整Python程序如下：

```
import math
r = float (input ("请输入圆的半径r："))
pi = math.pi
s = pi * pow (r, 2)
```

扫一扫，看视频

```
print (s)
```

程序运行时，输入半径的值，如5，可得结果为：78.53981633974483。

(3) random模块

random模块可以用来生成随机数，随机数不仅可以用于数学用途，还经常被嵌入到算法中，用以提高算法效率，并提高程序的安全性，random模块中的主要函数如表5.3.3所示。

表5.3.3 random模块中的主要函数

名称	含义
random.random( )	随机生成一个[0, 1)范围内的实数
random.randint (a, b)	随机生成一个[a, b] 范围内的整数
random.uniform (a, b)	随机生成一个[a, b] 范围内的实数
random.choice (seq)	从序列的元素中随机挑选一个元素，例如： random.choice (range (10))，从0到9中随机挑选一个整数
random.sample (seq, k)	从序列中随机挑选k个元素
random.shuffle (seq)	将序列的所有元素随机排序

5-3 模拟洗牌程序。

若有10张扑克牌，首先给这些牌进行编号，即生成0～9连续的有序序列。导入random模块，利用shuffle函数对序列中的所有元素随机排序，实现洗牌的效果。代码如下：

```
from random import *
items = [0, 1, 2, 3, 4, 5, 6, 7, 8, 9]
shuffle (items)
print (items)
```

程序运行效果如下：

```
[4, 6, 9, 2, 1, 3, 0, 5, 8, 7]
>>>
```

把列表打印出来你就可以看到洗牌的结果，它的顺序完全不同了。如果你写的是一个牌类游戏，可以用这个功能来对一个代表一副牌的列表进行洗牌。

5-4 编写一个玩猜数的游戏。

由程序产生一个1～1000的随机数，玩游戏者可输入最多10次猜数。每次如果输入的数不对，可分别给出偏大或偏小的提示信息；如果猜正确，给出正确的提示信息，游戏结束；如果10次猜数不正确，游戏结束，给出失败信息。

① 分析问题。程序每次要对玩游戏者输入的数字进行比较，根据比较结果显示不同的提示信息，为了使程序简洁，可创建一个函数echo( )，来判断所产生的随机数与游戏者所猜数之间的大小关系：猜大返回1，猜小返回－1，猜对返回0。

随机数的生成利用random模块中的randint( )函数，每一次的猜数可利用循环结构来控制，然后定义一个计数变量，玩游戏者每猜一次让计数变量增加一。

在循环结构中，接受游戏者通过键盘输入的数，然后调用echo( )函数，根据函数返回的结果进行处理。

循环结束后有两种情况：已经猜了10次且都不正确；在10次内猜对了数。根据这两种情况给出不同的信息。

② 设计算法。要将玩游戏者输入的数与程序生成的数进行反复比较，且不能确定比较的次数（最多10次），循环结构可采用while循环，具体算法如下。

a. 随机生成一个1～1000的数给变量gn。

b. 设定一个计数变量count，且赋初值为1。

c. 如果变量count的值小于等于10，则执行循环体。

• 玩游戏者输入猜测的数字。

• 猜测的数字与给定值进行判断。若正确，给出正确的提示信息，并结束游戏；否则，判断两数的大小，分别给出偏大或偏小的提示信息。

d. 重复执行步骤c，直到游戏者猜中或变量count的值大于10为止。

e. 根据变量count的值（是否大于10），给出不同的提示信息（成功或失败）。

③ 程序实现。echo( )函数代码如下：

```
def echo (guess_number, x):
    if x > guess_number:
        return 1
    elif x < guess_number:
        return – 1
    else:
        return 0
```

echo( )函数有两个参数：guess_number和x，分别表示游戏者猜的数和程序随机生成的数，若x > guess_number，返回1；x < guess_number，返回 – 1；x = guess_number，返回0。

完整程序代码如下：

```
from random import *

def echo (guess_number, x):
    if x > guess_number:
        return 1
    elif x < guess_number:
        return – 1
    else:
        return 0

x = randint (1, 1000)
count = 1
while count < = 10:
    gn = int (input ("请猜数（第%d次):" %count) )
    check = echo (gn, x)
```

```
    if check == 0:
        break
    elif check > 0:
        print ("猜小了！")
    else:
        print ("猜大了！")
    count = count + 1
if count > 10:
    print ("游戏结束，你失败了！")
else:
    print ("恭喜你猜对了，共猜了%d次"%count)
```

程序运行后，根据玩游戏者的不同输入，给出相应的提示信息。如下是某一次游戏过程：

```
请猜数（第1次):600
猜大了!
请猜数（第2次):200
猜大了!
请猜数（第3次):100
猜大了!
请猜数（第4次):50
猜大了!
请猜数（第5次):20
猜小了!
请猜数（第6次):30
猜小了!
请猜数（第7次):40
猜大了!
请猜数（第8次):35
猜小了!
```

```
请猜数（第9次):37
恭喜你猜对了，共猜了9次
```

(4) Image模块

Image模块是PIL库（Python Imaging Library）中的重要模块，该模块在Python中不内置，需要安装后才能使用（具体安装方法参考附录C），引用它可以完成对图片的一些常用操作，例如获取图像尺寸和像素颜色、旋转图像或改变图片格式等。表5.3.4是Image模块中的常用函数。

表5.3.4 Image模块中的常用函数

名称	含义
Image.open (infile)	打开并识别给定图像文件。 如im = Image.open ('sample.jpg')，打开文件名为“sample.jpg”的图像文件，并赋值给im对象
im.show( )	显示指定对象的图像
im.format	查看图像格式
im.size	查看图像大小，格式为（宽度，高度）
im.height	查看图像高度
im.width	查看图像宽度
im.save (infile)	保存图像
im.rotate (d)	旋转一定角度
im.resize ((x, y))	图像缩放。参数表示图像的新尺寸，分别表示宽度和高度

下面程序利用了Image模块完成对图像相关信息的获取和操作：

```
from PIL import Image
im = Image.open ("timg.jpg")          #打开timg.jpg图像文件
print (im.format)                     #获取图像文件格式
print (im.size)                       #获取图像尺寸大小
```

```
print (im.mode)                         #获取图像的颜色模式
im.rotate (45).show( )                  #将图像旋转45°后显示
```

程序运行后，处理后图像与原始图对比如图5.3.3所示。

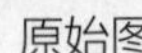

原始图

处理后图像

图5.3.3　处理后图像与原始图对比

程序同时输出图片的相关信息如下：

```
JPEG
(400, 246)
RGB
```

三行信息分别对应“timg.jpg”图像文件的格式为JPEG，图像尺寸大小为400×246像素，图像的颜色模式为RGB。

前面的例子是利用Image.open( )来打开一幅图像，然后直接对这个PIL对象进行操作。这种方式只适用于一些简单的操作，如图像缩放、图像旋转等，对稍微复杂一些的操作，如像素值的调整等，通常在加载完图片后，需要把图片转换成矩阵来实现。

5-5 彩色图像转换成黑白图像。

位图图像是由像素点所组成的，现提供一幅RGB模式的彩色位图图像“timg.jpg”，将其中的每个像素的RGB值分别用0或1表示，使其转换成黑白图像，即设定某一特定值（如128），当像素值大于特定值时，该像素的RGB值变为1，否则变为0。适当调整特定值，最后输出若干幅黑白图像，效果如图5.3.4所示。

原始图

特定值为188

特定值为128

特定值为50

图5.3.4　不同特定值的图像效果

① 导入模块。实现图像颜色调整，需要导入PIL、numpy、matplotlib三个模块，在此例中的功能分别如下。

PIL：对图像的基本操作，如打开图像文件等。

numpy：将图像的每个像素的RGB值以矩阵形式存储。

matplotlib：绘图库。将调整好的像素生成新的图像。

numpy模块和matplotlib模块

Python中利用numpy模块和matplotlib模块来进行各种数据操作和科学计算。这两个模块需要安装后才能使用（具体方法详见附录C）。

(1) numpy模块

numpy的主要对象是同质多维数组，也就是在一个元素（通常是数字）表中，元素的类型都是相同的。常见的有一维数组、二维数组等。

使用numpy模块中的array函数，可以创建相应的数组，并能接受一切序列型的对象（除非显式说明，np.array会尝试为新建的数组推断出较为合适的数据类型）。

(2) matplotlib模块

matplotlib是Python中的一个2D绘图库，它可以绘制很多高质量的图像。我们可以用matplotlib生成绘图、直方图、功率谱、柱状图、误差图、散点图等。

```
from PIL import Image
import numpy as np
import matplotlib.pyplot as plt
```

② 打开图像并转换成数字矩阵。

```
img = np.array (Image.open ('timg.jpg') .convert ('L') )
```

其中，convert( )函数用于不同模式图像之间的转换。模式“L”为灰色图像，它的每个像素用8个bit表示，0表示黑，255表示白，其他数字表示不同的灰度。在PIL中，从模式“RGB”转换为“L”模式是按照下面的公式转换的：

$$L = R \times 299/1000 + G \times 587/1000 + B \times 114/1000$$

③ 转换每个像素的RGB值。

```
rows, cols = img.shape          #图像尺寸分别赋值
for i in range (rows):          #依次取每个像素的坐标
    for j in range (cols):
        if (img [i, j] > 128):  #像素值大于128，赋值1，否则为0
            img [i, j] = 1
        else:
            img [i, j] = 0
```

④ 生成新的图像并显示。

```
plt.figure ("timg")                   #指定当前绘图对象
plt.imshow (img, cmap = 'gray')       #显示灰度图像
plt.axis ('off')                      #关闭图像坐标
plt.show( )                           #弹出包含了图片的窗口
```

完整程序如下：

```
from PIL import Image
import numpy as np
import matplotlib.pyplot as plt
img = np.array (Image.open ('timg.jpg') .convert ('L') )
num = 128
rows, cols = img.shape
for i in range (rows):
    for j in range (cols):
        if (img [i, j] > num):
            img [i, j] = 1
        else:
            img [i, j] = 2
plt.figure ("timg")
plt.imshow (img, cmap = 'gray')
plt.axis ('off')
plt.show( )
```

程序中num变量值就是特定值，如图5.3.4所示为num值分别为188、128和50的效果，每次改变该值后，会产生不同的图像黑白效果。

① 编写一个程序，生成1到20之间的5个随机整数的列表，并打印出来。

② 编写一个程序，让用户输入圆的半径，程序能计算圆的周长和面积，并打印出来。

③ 编写一个程序，让用户输入两个日期，程序能计算这两个日期间隔的天数，并打印出来。

第6章 好玩的编程

你现在已对Python有了足够的认识，可以开始开发有意思的交互式项目了。通过动手开发项目，可以学到新技能，并更深入地理解前面学习过的内容。

6.1 海龟绘图

turtle是Python的一个简单绘图工具。利用turtle模块，就可以在计算机屏幕上画线、圆以及其他形状（包括文本）的图形，turtle叫作海龟绘图（Turtle Graphics）。它提供了一个海龟，你可以把它理解为一个机器人，只听得懂有限的指令。

Python里的海龟有点像真实世界中的海龟，海龟是一种爬行动物，背上背着自己的“房子”，缓慢地四处爬，在Python的世界里，海龟是一个小小的黑色箭头，它根据一组函数指令的控制，在屏幕上移动，在它爬行的路径上绘制出图形。

海龟绘图是基本计算机作图的其中一种，这一章里我们会用Python的海龟来画如图6.1.1所示的绚丽几何图形。

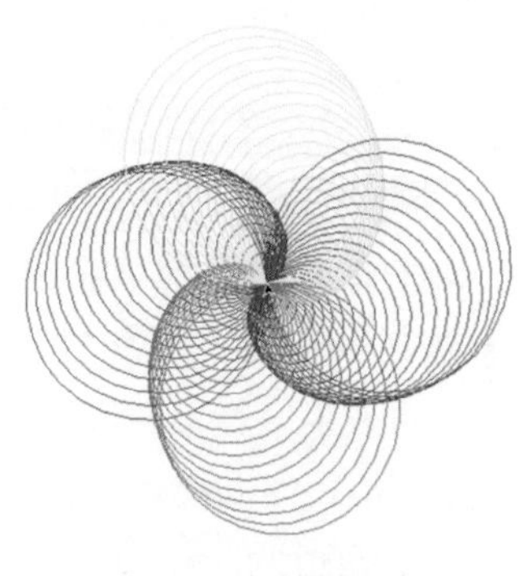

图6.1.1　海龟绘图实例

(1) 导入turtle（海龟）模块

我们来看看海龟是如何工作的。让Python引入turtle模块，就像这样：

```
import turtle
```

引入模块就是告诉Python你想要使用它。

(2) 创建画布

现在我们已经引入了turtle模块，接下来就要创建一个画布，画布也就是一个用来画图的空白空间，就像艺术家的画布一样。可使用以下指令：

```
turtle.screensize (canvwidth = None, canvheight = None, bg = None)
```

参数分别为画布的宽（单位像素）、高、背景颜色。如：

```
turtle.screensize (800, 600, "green")
```

即创建了一个宽为800像素、高为600像素、绿色背景的画布。

(3) 画笔（海龟）

① 海龟的创建。调用turtle中的Pen函数，输入：

```
t = turtle.Pen( )
```

你应当会看到画布中间有一个箭头，如图6.1.2所示。

屏幕中间的那个箭头就是海龟，看上去有点像吧！

② 海龟的状态。在画布上，默认有一个坐标原点为画布中心的坐标轴，坐标原点上有一只面朝x轴正方向的海龟。这里我们描述海龟时使用了两个词语：坐标原点（位置）、面朝x轴正方向（方向），如图6.1.3所示。turtle绘图中，就是使用位置方向描述海龟（画笔）的状态。

③ 海龟的属性。海龟的属性，即画笔的属性：颜色、画线的宽度等。

- turtle.pensize( )：设置画笔的宽度。

图6.1.2　画布中的箭头

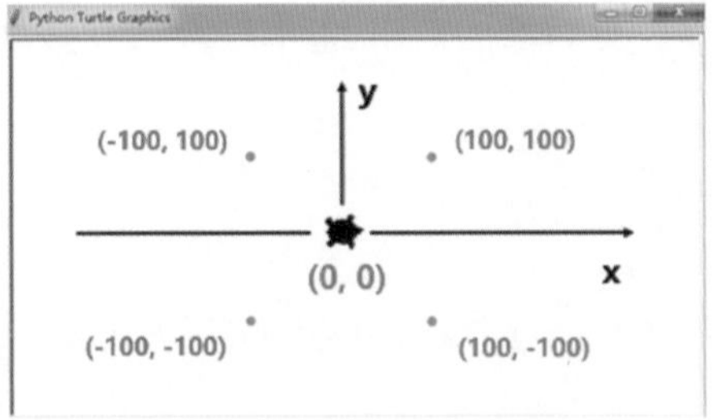

图6.1.3　画布的空间坐标体系

• turtle.pencolor( )：没有参数传入，返回当前画笔颜色，传入参数设置画笔颜色，可以是字符串如“green”、“red”，也可以是RGB三元组。

• turtle.speed (speed)：设置画笔移动速度，画笔绘制的速度范围[0, 10]整数。[1, 10]之间时，数字越大越快，但是0是最快的。

④ 移动海龟。我们要运用刚刚创建的变量t，使用一些函数来给海龟发指令，有点类似于在turtle模块中使用Pen函数。例如，forward指令让海龟向前移动，要让海龟向前移动50个像素，输入下面的命令：

图6.1.4 海龟向前移动50个像素

```
t.forward (50)
```

你看到的结果如图6.1.4所示。

海龟向前移动了50个像素。一个像素就是屏幕上的一个点，也就是可以表现出的最小元素。

像素

你在计算机显示器上看到的所有东西都是由像素组成的，它们是很小的、方形的点。如果你可以放大来看画布和上面我们画的那条线的话，你可能会看到用来表示海龟的那个箭头就是一堆像素，如图6.1.5所示。

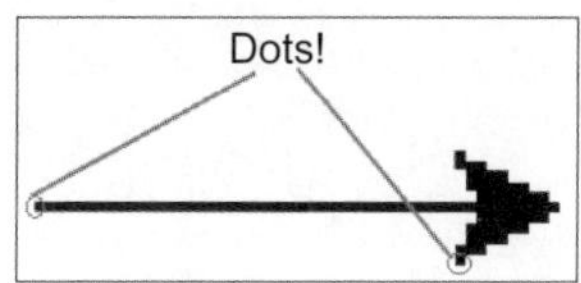

图6.1.5 像素示意图

现在，我们要用下面的命令让海龟左转90度：

```
t.left (90)
```

当Python的海龟向左转时，它会转动面向新的方向。t.left (90)这个命令把箭头指向上（因为它原来指向右边），如图6.1.6所示。

图6.1.6 海龟左转90度

我们还可以让海龟向右转（right），或者让它后退（backward）。我们可以用向上（up）来把笔从纸上抬起来（换句话说就是让海龟停止作画），用向下（down）

来开始作画。这些函数的用法和我们之前用过的有些类似，具体功能如表6.1.1所示。

表6.1.1　移动海龟的常用函数表

函数	功能
forward (x)　简写：fd (x)	沿着绘图箭头前进x的长度，单位：像素。若为负值，向反方向绘图。默认初始前进方向为右
backward (x)　简写：bk (x)	反向绘图箭头前进x的长度，单位：像素。若为负值，向箭头方向绘图
goto (x, y)	从当前点到(x, y)点画线
circle (r, extent = None)	绘制半径为r，角度为extent的弧形，圆心默认在海龟左侧距离r的位置
left (x)　简写：lt (x)	左转的角度
right (x)　简写：rt (x)	右转的角度
down( )	落笔命令，没有参数
up( )	抬笔命令，没有参数

现在，让我们用这些指令来画一个方块，代码如下：

```
import turtle
t = turtle.Pen( )
t.forward (50)
t.left (90)
t.forward (50)
t.left (90)
t.forward (50)
t.left (90)
t.forward (50)
t.left (90)
```

海龟这时应该画出了一个方块并且面向开始的那个方向，如图6.1.7所示。

当然，我们可以用for循环来使这段有些冗长的代码简化一些：

```
import turtle
t = turtle.Pen( )
for x in range (1, 5):
    t.fd (50)
    t.lt (90)
```

扫一扫，看视频

我们可以对上面的代码做一些简单的改动，就能画出更好玩的图形。如下面的代码：

```
import turtle
t = turtle.Pen( )
t. pencolor ("red")
for x in range (1, 9):
    t.fd (100)
    t.lt (225)
```

这段代码会画出一个八角星，如图6.1.8所示。

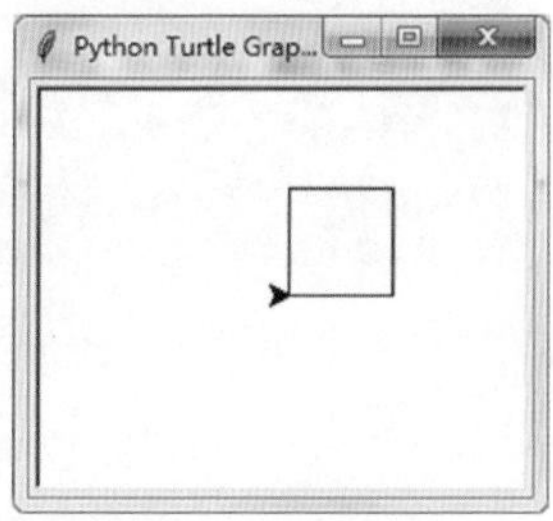

图6.1.7 海龟画方块

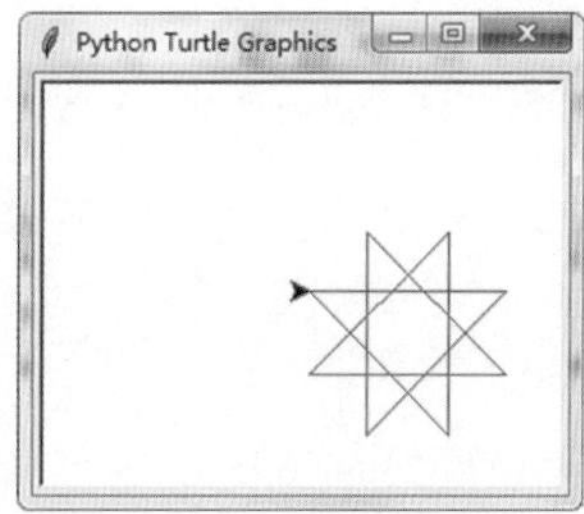

图6.1.8 海龟画八角星

这段代码和前面方块的代码非常相似，只是：

① 不是使用默认的画笔颜色，而是设置成了红色；

② 不是按range (1, 5)循环4次，而是用range (1, 9)循环8次；

③ 不是向前移动50个像素，而是向前移动100个像素；

④ 不是向左转90度，而是向左转225度。

现在，你可以继续修改一些代码，让海龟画出更多更有趣的图形。如图6.1.1

所示的绚丽图形可用以下代码来实现。

```
import turtle
t = turtle.Pen( )
colors = ["red", "green", "blue", "yellow"]                #语句1
for x in range (1, 100):
    t.pencolor (colors [x % 4] )                           #语句2
    t.circle (x)                                           #语句3
    t.left (91)
```

其中，语句1中，colors列表中保存了red（红）、green（绿）、blue（蓝）、yellow（黄）四种颜色；语句2中，通过colors [x % 4]取出其中的一种；语句3中，画一个半径为x的圆，x的取值范围是1 ~ 99。

① 在这一章里我们画过正方形、圆、八角星等。那么，请你写一个函数画一个八边形（提示：尝试让海龟每次转45度），如图6.1.9所示。

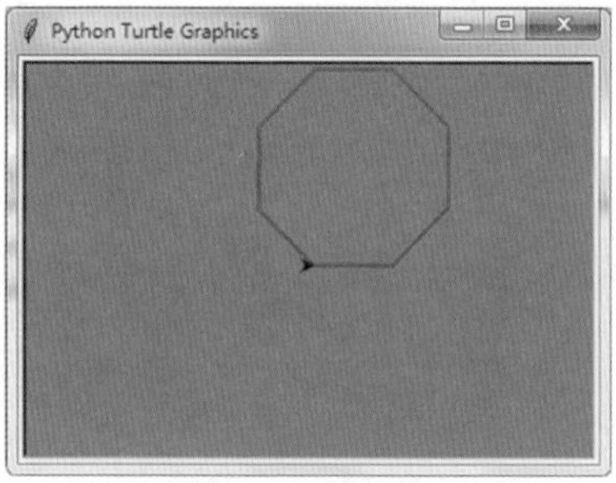

图6.1.9　八边形

② 在IDE中输入如下代码，观察海龟绘制的图形。

```
import turtle
import random
mt = turtle.Turtle( )
for i in range (1, 150):
    mt.color (random.random( ), random.random( ), random.random( ) )
    mt.forward (i * 2)
    mt.right (98)
```

③ 在IDE中输入如下代码，观察海龟绘制的图形。

```
import turtle
t = turtle.Pen( )
```

```
colors = ['red', 'purple', 'blue', 'green', 'yellow', 'orange']
turtle.bgcolor ('black')
for x in range (500000):
    t.width (x/10 + 1)
    t.forward (x)
    t.left (63)
    t.pencolor (colors [x%6] )
```

6.2 图形化界面

到目前为止，我们完成的程序交互界面都是命令行或文本模式，不过现代计算机和程序会使用大量的图形。如果我们的程序交互界面中也有一些图形就太好了。在这一节中，我们会开始建立一些简单的GUI（Graphical User Interface，图形用户界面），也就是从现在开始，我们的程序看上去就会像你平常熟悉的那些程序一样，将会有窗口、按钮、文本框之类的图形，而且可以用鼠标点击，还可以通过键盘输入。

我们一直都在使用GUI，如Web浏览器是GUI，IDLE也是GUI，现在我们就来建立自己的GUI。学完这一节，我们将建立如图6.2.1所示的GUI。

tkinter是Python内置的GUI模块，利用它可以方便地进行图形界面设计和交互操作编程。

(1) 利用tkinter创建一个简单的窗口

```
from tkinter import *
root = Tk( )
root.mainloop( )
```

3行就能够把主窗口显示出来了，如图6.2.2所示。

第1行代码，将tkinter模块中的函数都导入进来。

第2行代码，root是一个变量名称，其代表了这个主窗口。以后创建组件的时候，指定组件创建在什么窗口之中，就要用这个root来表示了。Tk( )是一个tkinter库之中的函数。

图6.2.1 “摄氏温度转华氏温度”程序的图形化界面

图6.2.2 创建主窗口

第3行代码，mainloop则是主窗口的成员函数，也就是表示让这个root工作起来，开始接收鼠标和键盘的操作，你现在就能够通过鼠标缩放以及关闭这个窗口了。注意到窗口的标题是tk，我们可以进行一些修改。

方法一：将第2行代码修改成这样：

```
root = Tk (className = "第1个GUI")
```

方法二：在第2行代码后面加一行如下代码：

```
root.title ("第1个GUI")
```

然后窗口的标题就变成了“第1个GUI”了。窗口的常见属性如表6.2.1所示。

表6.2.1 使用tkinter.Tk( )生成主窗口（root = tkinter.Tk( )）的属性表

属性	功能
root.title ('标题名')	修改框体的名字，也可在创建时使用className参数来命名
root.resizable (0, 0)	框体大小可调性，分别表示x, y方向的可变性；1表示可变，0表示不可变
root.geometry ('250 x 150')	指定主框体大小
root.quit( )	退出（配合响应事件使用）
root.update( )	刷新页面
root.mainloop( )	进入消息循环（必需组件）

(2) 在窗口中添加对象

对于tkinter编程，我们可想象成是我们平时都见过的美术生写生的情景，先支一个画架，在画板上蒙上画布，构思内容，用铅笔画草图，组织结构和比例，调色板调色，最后画笔勾勒。相应地，对应到tkinter编程，我们的显示屏就是支起来的画架，刚创建的主窗口就是画布，绘画的内容就是tkinter中的一个个小组件（按钮、文本框等），一幅画由许多元素构成，而我们的GUI界面，就是由一个个小组件拼装起来的。

① 标签Label。下面，我们先在窗口中加入一个标签，标签组件主要用来实现显示功能，可以显示文字和图片。格式如下：

```
l = Label (master, option = value, ... )
```

参数说明：

• master代表承载该标签的父容器。

• options代表可选项，即该标签的可设置的属性。这些选项可以用键－值的形式设置，并以逗号分隔。

tkinter中，每个组件都是一个类，创建某个组件其实就是将这个类实例化。在实例化的过程中，可以通过构造函数给组件设置一些属性，同时还必须给该组件指定一个父容器，父容器指该组件放置何处。解决了放哪里的问题，还需要解决怎么放的问题。为此，还需要给组件设置一个几何管理器（布局管理器），即设置子组件在父容器中的放置位置。标签组件常见属性表如表6.2.2所示。

表6.2.2　标签组件常见属性表

Anchor	标签中文本的位置	background (bg) foreground (fg)	背景色；前景色
borderwidth (bd)	边框宽度	width、height	标签宽度；标签高度
bitmap	标签中的位图	font	字体
image	标签中的图片	justify	多行文本的对齐方式
text	标签中的文本，可以使用'\n'表示换行	textvariable	显示文本自动更新，与StringVar等配合使用

如下程序代码分别使用了两个标签，一个显示文字，另一个显示了一张位图。

```
from tkinter import *
root = Tk( )
label_1 = Label (root, text = "我是标签")
label_2 = Label (root, bitmap = "error")
label_1.pack( )
label_2.pack( )
root.mainloop( )
```

其中，pack( )是个布局函数，用来控制窗体中各个组件的位置关系。默认是先使用的组件放到上面，然后依次向下排，它会给我们的组件一个自认为合适的位置和大小。当然，pack函数提供了一些参数来设置位置属性，如表6.2.3所示。

表6.2.3 pack函数的参数属性表

after:	将组件置于其他组件之后
before:	将组件置于其他组件之前
anchor:	组件的对齐方式，顶对齐'n'、底对齐's'、左'w'、右'e'
side:	组件在主窗口的位置，可以为'top'、'bottom'、'left'、'right'（使用时tkinter.TOP, tkinter.LEFT）
fill:	填充方式（Y，垂直；X，水平；BOTH，水平 + 垂直），是否在某个方向充满窗口
expand	1可扩展，0不可扩展，代表控件是否会随窗口缩放

程序代码运行效果如图6.2.3所示。

图6.2.3 两个标签效果图

Python内置位图

Python内置了10种位图，可以直接使用，设置bitmap即可。

"error"

"gray75"

"gray50"

"gray25"

"gray12"

"hourglass"

"info"

"questhead"

"question"

"warning"

效果：

Python中image属性仅支持gif、pgm、ppm格式，bitmap支持xbm格式。设置方法：

```
photo = PhotoImage (file = "image.gif")
bmp = BitmapImage (file = "logo.xbm")
label = Label (root,image = photo)
```

注意：image和bitmap参数两者只需设置一个，如果同时设置两个属性，则image将优先。

② 按钮Button。一个简单的按钮用来响应用户的一个点击操作，能够与一个Python函数关联，当按钮被按下时，自动调用该函数。格式如下：

```
b = Button ( master, option = value, ... )
```

其实例化方式与标签是一样的，可以说组件都是按照这样的方式实例化的。

Button的属性可以直接参考标签，事实上按钮就是一个特殊的标签，只不过按钮多出了点击响应的功能。按钮组件常见属性表如表6.2.4所示。

表6.2.4　按钮组件常见属性表

属性	取值	说明
text	字符串	按钮的文本内容
activebackground		当鼠标放上去时，按钮的背景色
activeforeground		当鼠标放上去时，按钮的前景色
bd（bordwidth）	默认值为2个像素	按钮边框的大小
bg（background）		按钮的背景色
command	函数名的字符串形式	按钮关联的函数，当按钮被点击时，执行该函数
fg（foreground）		按钮的前景色（按钮文本的颜色）
font		设置字体，还包含样式和大小
image		给按钮设置一张图像，必须是用图像create方法产生的
bitmap		指定按钮显示一张位图
state	DISABLED、ACTIVE、NORMAL	设置组件状态。正常(normal)、激活(active)、禁用(disabled)
width	单位像素	按钮的宽度，如未设置此项，其大小以适应按钮的内容（文本或图片的大小）
height	单位像素	按钮的高度，同width属性

如下代码，创建了一个按钮组件，使用command选项关联一个函数，点击按钮则执行该函数。

```
from tkinter import *
def onclick( ):
    print ("onclick !!!")
root = Tk( )
```

```
button = Button (root, text = "这是一个按钮", fg = 'red', command = onclick)
button.pack( )
root.mainloop( )
```

运行效果如图6.2.4所示。

③ 输入框Entry。一个单行文本输入框。可以用来接受用户的输入，但是只能输入一行。如果你只是想显示而不是编辑，那么应该使用标签。Entry组件的格式如下：

图6.2.4　按钮组件运行效果图

```
w = Entry (master, option = value, ... )
```

Entry组件的实例化方式与标签Lable和按钮Button是一样的，但需要注意一点，其text属性是无效的。若需要让Entry显示文字，可使用textvariable属性，具体代码如下：

```
from tkinter import *
root = Tk( )
e = StringVar( )                # 使用textvariable属性，绑定字符串变量e
entry = Entry (root, textvariable = e)
e.set ('请输入……')
entry.pack( )
root.mainloop( )
```

关于StringVar

该类属于tkinter下界面编程的时候，需要跟踪变量值的变化，以保证值的变更随时可以显示在界面上。由于python无法做到这一点，所以使用了tcl相应的对象，也就是StringVar。StringVar除了set外还有其他的函数，包括：get用于返回StringVar变量的值，trace (mode, callback)用于在某种mode被触发的时候调用callback函数。

运行效果如图6.2.5所示。

当文本输入框用作密码输入框时，希望输入的密码是不可见的，而不是明文，这时可以使用show属性，具体代码如下：

```
from tkinter import *
root = Tk( )
entry = Entry (root, show = "*")
entry.pack( )
root.mainloop( )
```

当在文本输入框中输入内容时，显示的是一串“*”，运行效果如图6.2.6所示。

图6.2.5　输入框运行效果图

图6.2.6　显示一串“*”的输入框效果图

在tkinter模块中，提供了很丰富的组件，常见的组件如表6.2.5所示。

表6.2.5　tkinter模块中常见的组件

名称	功能
Button	按钮
Canvas	绘制图形组件，可以在其中绘制图形
Checkbutton	复选框
Entry	文本框（单行）
Text	文本框（多行）
Frame	框架，将几个组件组成一组
Label	标签，可以显示文字或图片
Listbox	列表框
Menu	菜单
Menubutton	它的功能完全可以使用Menu替代

（续表）

名称	功能
Message	与Label组件类似，但是可以根据自身大小将文本换行
Radiobutton	单选框
Scale	滑块，允许通过滑块来设置一数字值
Scrollbar	滚动条，配合使用canvas、entry、listbox、and text窗口部件的标准滚动条
Toplevel	用来创建子窗口的组件

现在你已经看到了如何在主窗口中创建一些组件，以及如何设置组件属性，但是对于一个成功的程序来说，它不仅要具有良好的外观，还要实现一些实际操作。下面几个示例不仅演示如何向GUI中添加多个小组件，而且教你在那些小组件上执行操作，你将学到如何使程序对用户的各种操作做出响应。

6-1 摄氏温度转换成华氏温度。

我们前面编写的程序“摄氏温度成华氏温度”，那时是文本模式，现要求改写成GUI模式，界面效果如图6.2.7所示。

图6.2.7 “摄氏温度转华氏温度”程序的图形化界面

思路：观察界面效果可知，在主窗口中有1个标签对象、1个输入框对象和1个按钮对象。编写程序时，先创建主窗口，然后分别添加对应组件。对按钮组件来说，还需要编写对应函数来实现温度的转换功能。具体代码如下：

扫一扫，看视频

```
from tkinter import *

def btnClicked( ):
    cd = float (entryCd.get( ) )
    label1.config (text = "%.2f℃ = %.2f℉" %(cd, cd * 1.8 + 32) )

root = Tk (className = "摄氏温度转华氏温度")
label1 = Label (root, text = "摄氏温度转华氏温度", height = 5, width = 20, fg =
```

```
"blue")
entryCd = Entry (root, text = "0")
btnCal = Button (root, text = "转换", command = btnClicked)

label1.pack( )
entryCd.pack( )
btnCal.pack( )

root.mainloop( )
```

6-2 猜数游戏。

程序随机生成某一范围（如1～10）的一个正整数，让用户输入一个数进行猜数，判断用户输入的数，若不在指定范围内，输出提示信息“请输入有效数字！”；否则，显示程序随机生成的数，并判断是否与该随机数相等，若相等，记录猜中的次数。最后显示猜中次数和总的猜数次数。界面效果如图6.2.8所示。

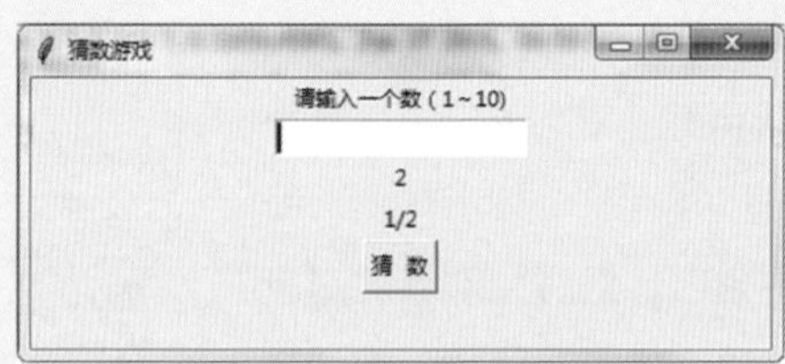

图6.2.8 “猜数游戏”程序图形化界面

思路：观察界面效果可知，在主窗口中有3个标签对象、1个输入框对象和1个按钮对象。编写程序时，先创建主窗口，然后分别添加对应组件。对按钮组件来说，还需要编写对应函数来实现判断和计数功能。具体代码如下：

```
import random
from tkinter import *
root = Tk (className = "猜数游戏")
```

```
maxNo = 10
score = 0
rounds = 0

def buttonClick( ):
    global score
    global rounds
    try:
        guess = int (guessBox.get( ) )
        if 0 < guess < = maxNo:
            result = random.randrange (1, maxNo + 1)
            if guess == result:
                score = score + 1
            rounds = rounds + 1
        else:
            result = "请输入有效数字！ "
    except:
        result = "请输入有效数字！ "
    resultLabel.config (text = result)
    scoreLabel.config (text = str (score) + "/" + str (rounds) )
    guessBox.delete (0, END)

guessLabel = Label (root, text = "请输入一个数（1~" + str (maxNo) + ")")
guessBox = Entry (root)
resultLabel = Label (root)
scoreLabel = Label (root)
button = Button (root, text ="猜 数", command = buttonClick)

guessLabel.pack( )
guessBox.pack( )
resultLabel.pack( )
```

```
scoreLabel.pack( )
button.pack( )

root.mainloop( )
```

动手试试

编写一个GUI程序，该程序包含两个文本框和一个按钮，在第一个文本框输入一个整数（1～7）后，单击按钮，在第二个文本框中显示对应的星期表示，界面如图6.2.9所示。

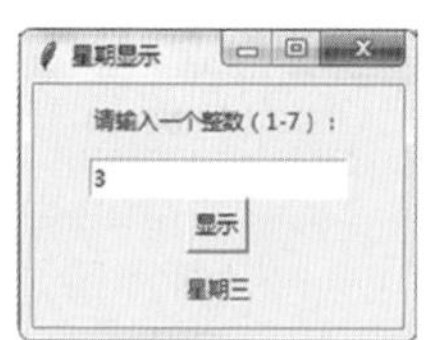

图6.2.9 “星期显示”效果图

6.3 动画效果

用海龟画图的缺点是海龟太慢了，对于海龟来讲这不是个问题，但是对于计算机绘图来讲这就是个问题了。

计算机绘图，尤其是在游戏里，通常都要求能快速移动。

如果你以前从来没有自己做过动画，那么试试下面这个简单的项目。

① 拿来一叠白纸，在第一张纸的底角画点东西（比方说线条小人儿）。

② 在第二张纸的底角画上同样的线条小人儿，不过让它的腿移动一点点。

③ 在第三张纸再画这个线条小人儿，让它的腿动得更多一点。

④ 逐渐地一张一张在底角画上变化的小人儿。

当你画完以后，快速翻动这些纸，你会看到你的线条小人儿在移动，如图6.3.1所示。这是所有动画的基本原理，不论是电视上的卡通还是你游戏机或计算机上的游戏动画。先画一张图，再画一个稍稍有点变化的图，这就让人感觉它在移动。要让图像看起来是在移动，你需要把每一帧或者动画的每一段都显示得非常快。

Python提供了多种制作图形的方法，除了turtle模块，你还可以使用外部模块（需要单独安装），还有我们上一节中学习的tkinter模块。tkinter可以用来创建GUI的应用程序，例如简单的字处理软件和绘图软件，还可以创建动画效果的应用程序。在这一节里，我们就来看看如何用tkinter创作动画效果的作品。

图6.3.1 小人儿的移动示意图

(1) 创建一个画图用的画布

如果要画图的话，我们就需要创建一个canvas（画布）对象。

当我们创建一个画布时，我们给Python传入画布的宽度和高度（以像素为单位）。下面是一个例子：

```
from tkinter import *
root = Tk( )
canvas = Canvas (root, width = 500, height = 500)
canvas.pack( )
```

和上一节我们学过的一样，在你输入root = Tk( )时，会出现一个窗口。在最后一行，我们用canvas.pack( )把画布布置好，这会把窗口变成宽度500像素，高度500像素，和第三行代码定义的一样。

pack函数让画布显示在窗口中正确的位置上，如果没有调用这个函数，就不会显示任何东西。

(2) 画线

要在画布上画线，就要用像素坐标。坐标定义了一个平面上像素的位置，在一个tkinter画布上，坐标决定了像素横向（从左到右）的距离，以及纵向（从上到下）的距离。

例如，我们创建的画布是500像素宽，500像素高，那么屏幕右下角的坐标是（500, 500）。要画出如图6.3.2所示的线条，我们要使用起点坐标（0, 0）和终点坐标（500, 500）。

我们用creat_line函数来指定这些坐标，如下所示：

```
from tkinter import *
root = Tk( )
cv = Canvas (root, width = 500, height = 500)
cv.pack( )
cv.create_line (0, 0, 500, 500)
```

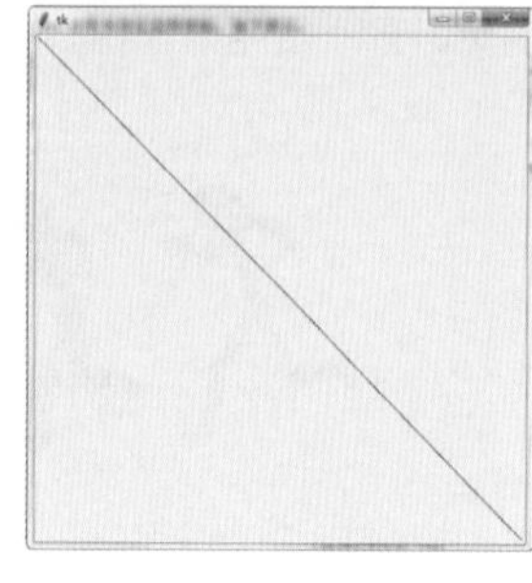

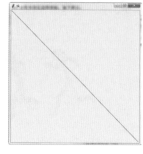

图6.3.2　画线效果

接下来我们用canvas对象上常用的函数来做些更有趣的绘画。

如表6.3.1所示是canvas对象上常见的函数，利用这些函数可以让计算机绘制出丰富的图形，如以下一段代码：

表6.3.1　canvas对象上常用函数表

函数名	功能
create_arc	绘制圆弧
create_bitmap	绘制位图，支持XBM，bitmap = BitmapImage (file = filepath)
create_image	绘制图片，支持GIF (x, y, image, anchor); image = PhotoImage (file = "../xxx/xxx.gif")，目前仅支持gif格式
create_line	绘制直线
create_oval;	绘制椭圆
create_polygon	绘制多边形（坐标依次罗列，不用加括号，还有参数fill、outline）
create_rectangle	绘制矩形［(a, b, c, d)值为左上角和右下角的坐标］
create_text	绘制文字（字体参数font,），如font = ("Arial", 8)，font = ("Helvetica 16 bold italic")
create_window	绘制窗口
delete	删除绘制的图形
itemconfig	修改图形属性，第一个参数为图形的ID，后边为想修改的参数
move	移动图像
coords(ID)	返回对象的位置的两个坐标（4个数字元组）

```
from tkinter import *
root = Tk( )

cv = Canvas (root, bg = 'blue', height = 500, width = 500)   #创建一个Canvas
cv.create_oval (50, 50, 450, 450, fill = 'red')   #画一个圆
cv.create_polygon (250, 80, 110, 300, 390, 300, fill = "red", outline = 'purple',
width = 12)   #画一个三角形
cv.create_rectangle (180, 306, 320, 400, fill = 'yellow')   #画一个矩形
cv.pack( )

root.mainloop( )
```

运行代码后，可生成如图6.3.3所示的图形。

图6.3.3 canvas对象上常见函数生成的图形效果

(3) 创建基本的动画

我们已经能画出静态的图，现在试着来做动画。

动画并不是tkinter模块的专长，但是基本的处理还是可以做的。例如，我们可以创建一个填了色的三角形，用下面的代码让它在屏幕上横向移动：

```
import time
from tkinter import *
root = Tk( )

cv = Canvas (root, height = 200, width = 400)
cv.create_polygon (10, 10, 10, 60, 50, 35)
cv.pack( )
for x in range (0, 60):
    cv.move (1, 5, 0)
    root.update
    time.sleep (0.05)
```

当你运行这段代码时，三角形会从屏幕一边横向移动到另一边，如图6.3.4所示。

图6.3.4　三角形移动效果图

它是如何工作的呢？和前面一样，引入tkinter后我们用前面三行来做显示画布的基本设置，在第四行，我们用cv.create_polygon (10, 10, 10, 60, 50, 35)这个语句来创建三角形。接下来，我们写了一个简单的for循环，从0到59，循环中的代码块使三角形在屏幕上横向移动。move函数会把任意画好的对象移动到x和y坐标增加给定值后的位置，例如，cv.move (1, 5, 0)会把ID为1的对象（那个三角形的ID标识）横移5个像素，纵移0个像素；要想把它再移回来，我们可以用语句cv.move (1, – 5, 0)；要想让它向屏幕的右下角移动，我们可以修改代码让它使用cv.move (1, 5, 5)。

ID标识

只要用了画布上面以create_开头的函数，例如create_polygon或者create_rectangle等，它总会返回一个ID，这个识别编号可以在其他画布的函数中使用，如上例中在move函数中使用，但这个ID不会总是返回1。例如，如果你之前创建了其他的形状，它可能会返回2、3，甚至100也有可能（要看之前创建了多少形状）。如果我们修改代码来把返回值作为一个变量保存，然后使用这个变量，那么无论返回值是多少，这段代码都能工作。

```
import time
from tkinter import *
root = Tk( )
```

```
cv = Canvas (root, height = 200, width = 400)
pol = cv.create_polygon (10, 10, 10, 60, 50, 35)
cv.pack( )
for x in range (0, 60):
    cv.move (pol, 5, 0)
    root.update
    time.sleep (0.05)
```

函数update强制tkinter更新屏幕（重画）。如果我们没用update的话，tkinter会等到循环结束时才会移动三角形对象，这样的话你只会看到它跳到最后的位置，而不是平滑地穿过画布。循环的最后一行time.sleep (0.05)，它让Python休息0.05秒，然后继续。

(4) 让对象对操作有响应

我们可以用“消息绑定”来让三角形在有人按下某键时有反应。“消息”是在程序运行中发生的事件，例如有人移动了鼠标、按下了某键，或者关闭了窗口等，你可以让tkinter监视这些事件，然后做出响应。

要开始处理事件（让Python在事件发生时做些事情），我们首先要创建一个函数。当我们告诉tkinter将某个特定函数绑到（或者说关联到）某个特定事件上时就完成了绑定，换句话说，tkinter会自动调用这个函数来处理事件。

例如，要让三角形在按下回车键时移动，我们可以定义这个函数：

```
def movetriangle (event):
    cv.move (1, 5, 0)
```

这个函数只接受一个参数（event），tkinter用它来给函数传递关于事件的信息。现在我们用画布canvas上的bind_all函数，来告诉tkinter当特定事件发生时应该调用这个函数，全部代码是这样的：

```
import time
from tkinter import *
root = Tk( )
```

```
cv = Canvas (root, height = 200, width = 400)
cv.create_polygon (10, 10, 10, 60, 50, 35)
cv.pack( )

def movetriangle (event):
    cv.move (1, 5, 0)

cv.bind_all ("<KeyPress-Return>", movetriangle)
```

bind_all函数的第一个参数说明我们让tkinter监视什么事件，在这里，我们监视的事件叫作<KeyPress-Return>，也就是按下回车键，我们告诉tkinter当这个KeyPress事件发生时应该调用movetriangle函数。运行这段代码，每按一次回车键，三角形对象向右移动5个像素。

怎么根据按键的不同而改变三角形对象的方向呢？例如用方向键，这很容易实现。我们只要把movetriangle函数改写成下面这样即可。

```
def movetriangle (event):
    if event.keysym == "Up":
        cv.move (1, 0, – 5)
    elif event.keysym == "Down":
        cv.move (1, 0, 5)
    elif event.keysym == "Left":
        cv.move (1, – 5, 0)
    else:
        cv.move (1, 5, 0)
```

传入movetriangle的event对象中包含了几个变量，其中一个变量叫作keysym，它是一个字符串，包含了实际按键的值。其中if event.keysym == "Up"：的意思是说如果keysym变量中的字符串是"Up"（向上）的话，我们要用参数(1, 0, – 5)来调用cv.move，就是下面那一行所做的事情。接下来elif event.keysym == "Down"：是说如果keysym变量中的字符串是"Down"（向下）的话，我们用的参数就是(1, 0, 5)，依此类推。

然后我们告诉tkinter，函数movetriangle应当用来处理四种不同的事件（上、下、左、右），全部代码是这样的：

```
import time
from tkinter import *
root = Tk( )

cv = Canvas (root, height = 200, width = 400)
cv.create_polygon (10, 10, 10, 60, 50, 35)
cv.pack( )

def movetriangle (event):
    if event.keysym == "Up":
        cv.move (1, 0, – 5)
    elif event.keysym == "Down":
        cv.move (1, 0, 5)
    elif event.keysym == "Left":
        cv.move (1, – 5, 0)
    else:
        cv.move (1, 5, 0)

cv.bind_all ("<KeyPress-Up>", movetriangle)
cv.bind_all ("<KeyPress-Down>", movetriangle)
cv.bind_all ("<KeyPress-Left>", movetriangle)
cv.bind_all ("<KeyPress-Right>", movetriangle)
```

动手试试

① 移动三角形。修改移动三角形的那段代码（见“创建基本的动画”）来让它先横向向右移动，然后向下，再向左，最后回到起始位置。

② 手动绘画。试着运行以下代码，结果如图6.3.5所示，探究鼠标绘画的原理。

图6.3.5　鼠标绘画效果图

```
from tkinter import *

def paint (event):
    x1, y1 = (event.x – 1), (event.y – 1)
    x2, y2 = (event.x + 1), (event.y + 1)
    cv.create_oval (x1, y1, x2, y2, fill = "green")

root = Tk( )
cv = Canvas (root, width = 600, height = 250)
cv.pack (expand = YES, fill = BOTH)
cv.bind ("<B1-Motion>", paint)

message = Label (root, text = "Press and Drag the mouse to draw")
message.pack (side = BOTTOM)

mainloop( )
```

6.4 弹球游戏

到目前为止，我们已经讲过了计算机编程的基础知识。你已经学会了如何使用变量来存储信息，使用带有if条件的代码，还有用for循环来重复执行代码等；你知道如何创建函数来重用代码，以及如何使用类和对象把代码划分成小块，使得它更容易理解；你已经学会了如何在屏幕上用海龟和tkinter模块来绘制图形，现在是时候使用这些知识来创建你的第一个游戏程序了。

我们将要开发一个由反弹球和球拍构成的“弹球游戏”。球会在屏幕上飞过来，玩家要用球拍把它弹回去，如果球落到了屏幕底部，那么游戏就结束了，图6.4.1是游戏完成后的效果图。

图6.4.1 “弹球游戏”效果图

我们的游戏可能看起来很简单，但要处理的事情很多，例如需要把球拍和球做成动画，球击中球拍或墙壁的检测等。下面我们先从创建画布开始。

(1) 创建游戏的画布

要创建你自己的游戏，首先要引入tkinter模块并创建一个用来画图的画布。

扫一扫，看视频

```
from tkinter import *
import random
import time

root = Tk (className = "弹球游戏")
root.resizable (0, 0)

cv = Canvas (root, width = 500, height = 400, bd = 0, highlightthickness = 0)
cv.pack( )
```

```
root.update( )
```

这和前面的例子有些不同。首先，我们用import random和import time引入了random模块和time模块，留着以后使用。

通过root = Tk (className = "弹球游戏")语句创建一个root对象，并给窗口加上一个标题，然后我们用resizable函数来使窗口的大小不可调整。在创建canvas对象时，设置了比之前例子更多的参数，如bd = 0和highlightthickness = 0确保在画布之外没有边框，这样会让我们的游戏屏幕看上去更美观一些。

(2) 创建Ball类

现在我们要创建球的类，我们从把球画在画布上的代码开始，下面是我们要做的事情。

① 创建一个叫Ball的类，它有两个参数，一个是画布，另一个是球的颜色。

② 把画布保存到一个对象变量中，因为我们会在它上面画球。

③ 在画布上画一个用颜色参数作为填充色的小球。

④ 把tkinter画小球时所返回的ID保存起来，我们要用它来移动屏幕上的小球。

这段代码应该加在文件中头两行代码的后面（在import time的后面）。

```
from tkinter import *
import random
import time

class Ball:                                                  #①
    def __init__ (self, cv, color):                          #②
        self.canvas = cv                                     #③
        self.id = cv.create_oval (10, 10, 25, 25, fill = color)  #④
        self.canvas.move (self.id, 200, 100)
    def draw (self):
        pass
```

这里，我们在①处把类命名为Ball；然后在②处创建一个初始化函数，它的两个参数分别是画布cv和颜色color；在③处我们把参数cv赋值给对象变量canvas；在④处我们调用create_oval函数，绘制椭圆。

在Ball类的最后两行，我们创建了draw函数，其函数体只是一个pass关键字。目前它什么也不做，后面我们会给这个函数增加更多的东西。

既然我们已经创建了一个Ball类，我们就需要建立一个这个类的对象。把下面的代码加到程序的最后来创建一个红色小球对象。

```
ball = Ball (cv, "red")
```

现在如果你运行这段代码的话，小球就应该出现在画布上，如图6.4.2所示。

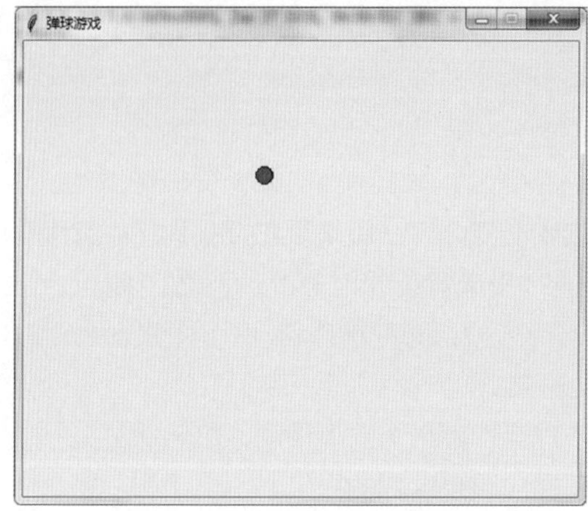

图6.4.2 生成“小球”效果图

(3) 让小球移动

现在我们已经做出了小球的类，下面该让小球动起来，我们要让它移动、反弹，并改变方向，需要按如下方法修改draw函数。

```
class Ball:
    def __init__ (self, cv, color):
        self.canvas = cv
        self.id = cv.create_oval (10, 10, 25, 25, fill = color)
        self.canvas.move (self.id, 200, 100)
    def draw (self):
        self.canvas.move (self.id, 0, – 1)
```

因为__init__把cv参数保存为对象变量canvas了，我们可以用self.canvas来使用这个变量，然后调用画布上的move函数。我们给move传了三个参数：id是椭圆形的ID，还有数字0和 – 1，其中0是指水平方向不移动，– 1是指在屏幕上向上移动1个像素。

同时，要增加一个动画循环，我们把它称为我们游戏的“主循环”，代码如下：

```
while 1:
    ball.draw( )
    root.update_idletasks( )
    root.update
    time.sleep (0.01)
```

主循环是程序的中心部分，一般来讲它控制程序中大部分的行为。我们的主循环主要做两件事情：一是对小球对象draw函数的调用；二是让tkinter重画屏幕。这个循环一直运行下去，即把小球移动1个像素，在新的位置重画屏幕，休息0.01秒，然后从头再来。

运行代码后，小球会在画布上向上移动，然后消失。

整个游戏代码现在应该是这样的：

```
from tkinter import *
import random
import time

class Ball:
    def __init__ (self, cv, color):
        self.canvas = cv
        self.id = cv.create_oval (10, 10, 25, 25, fill = color)
        self.canvas.move (self.id, 200, 100)
    def draw (self):
        self.canvas.move (self.id, 0, – 1)

root = Tk (className = "弹球游戏")
```

```
root.resizable (0, 0)

cv = Canvas (root, width = 500, height = 400, bd = 0, highlightthickness = 0)
cv.pack( )
root.update( )

ball = Ball (cv, "red")

while 1:
    ball.draw( )
    root.update_idletasks( )
    root.update
    time.sleep (0.01)
```

(4) 让小球来回反弹

多次运行上面的代码，你会发现小球每次都走直线（向上运动），且走到屏幕顶端就消失，这样的游戏就没法玩了。要让它能够在屏幕上来回反弹，首先，我们需要在小球Ball类的初始化函数里再加上几个对象变量：

```
def __init__ (self, cv, color):
    self.canvas = cv
    self.id = cv.create_oval (10, 10, 25, 25, fill = color)
    self.canvas.move (self.id, 200, 100)
    starts = [ – 3, – 2, – 1, 1, 2, 3]                    # ①
    random.shuffle (starts)                               # ②
    self.x = starts [0]                                   # ③
    self.y = – 3                                          # ④
    self.canvas_height = self.canvas.winfo_height( )      # ⑤
    self.canvas_width = self.canvas.winfo_width( )        # ⑥
```

我们给程序加上了六行代码。其中，在第①处，我们创建了变量starts，它是一个由六个数字组成的列表；然后在第②处用random.shuffle函数来把它混排一下；在第③处，我们把x的值设为列表中的第一个元素，所以x有可能是列表中的任何一个值，从－3到3，这样能改变小球的运动方向，做到随机运动的效果；在④处给对象变量y赋值为－3；最后，我们调用画布上的winfo_height和winfo_width函数来获取画布当前的高度和宽度，并把它赋给对象变量canvas_height和canvas_width。

接下来，我们再次修改draw函数。

```
def draw (self):
    self.canvas.move (self.id, self.x, self.y)        # ①
    pos = self.canvas.coords (self.id)                # ②
    if pos [0] < = 0:                                 # ③
        self.x = 3
    if pos [2] > = self.canvas_width:                 # ④
        self.x = – 3
    if pos [1] < = 0:                                 # ⑤
        self.y = 3
    if pos [3] > = self.canvas_height:                # ⑥
        self.y = – 3
```

在①处，我们把对画布上move函数的调用改为传入变量x和y；接下来，我们在②处创建变量pos，把它赋值为画布函数coords；这个函数通过ID来返回画布上任何被画好的东西的当前x和y坐标。在这里，我们给coords传入对象变量id，它就是那个圆形对象的ID。

coords函数返回一个由四个数字组成的列表来表示坐标。如果我们把函数调用的结果打印出来，就是这样：

```
print (self.canvas.coords (self.id) )
[210.0, 109.0, 225.0, 124.0]
```

其中列表中前两个数字（210.0和109.0）包含椭圆形左上角的坐标（x1和y1），后两个（225.0和124.0）是右下角x2和y2的坐标。

在③处，我们判断x1坐标（就是小球的左边）是否小于等于0。如果是，我们把对象变量x设置为3。这么做的效果就是如果小球撞到了屏幕的左边界，它将不再继续从横坐标减3，这样它就不再继续向左移动了。

在④处，我们判断x2坐标（就是小球的右边）是否大于等于变量canvas_width，即画布宽度。如果是，我们把对象变量x设置回－3，这样它就不再继续向右移动了。

⑤和⑥两处类似于上面的处理方式，是对小球在纵向的控制，当y1坐标（就是小球的顶部）小于等于0，把对象变量y设置为3，不让小球继续向上移动；当y2坐标（就是小球的底部）大于等于变量canvas_height，即画布高度，把对象变量y设置回－3，不让小球继续向下移动。

现在运行这段代码，你会发现小球就在画布上来回弹跳，不会消失了，直到你关闭窗口。整个程序应该是这样的：

```
from tkinter import *
import random
import time

class Ball:
    def __init__ (self, cv, color):
        self.canvas = cv
        self.id = cv.create_oval (10, 10, 25, 25, fill = color)
        self.canvas.move (self.id, 200, 100)
        starts = [ – 3, – 2, – 1, 1, 2, 3]
        random.shuffle (starts)
        self.x = starts [0]
        self.y = – 3
        self.canvas_height = self.canvas.winfo_height( )
        self.canvas_width = self.canvas.winfo_width( )

    def draw (self):
        self.canvas.move (self.id, self.x, self.y)
        pos = self.canvas.coords (self.id)
        if pos [0] < = 0:
            self.x = 3
        if pos [2] > = self.canvas_width:
```

```
            self.x = – 3
        if pos [1] < = 0:
            self.y = 3
        if pos [3] > = self.canvas_height:
            self.y = – 3

root = Tk (className = "弹球游戏")
root.resizable (0, 0)

cv = Canvas (root, width = 500, height = 400, bd = 0, highlightthickness = 0)
cv.pack( )
root.update( )

ball = Ball (cv, "red")

while 1:
    ball.draw( )
    root.update_idletasks( )
    root.update
    time.sleep (0.01)
```

(5) 加上球拍

小球一直在屏幕上四处弹跳，这可算不上是什么游戏，现在我们要增加一个球拍给玩家用。

与增加小球的类类似，在Ball类后面加上下面的代码，来创建一个球拍。

```
class Paddle:
    def __init__ (self, cv, color):
        self.canvas = cv
        self.id = cv.create_rectangle (0, 0, 100, 10, fill = color)
        self.canvas.move (self.id, 200, 300)
```

```
    def draw (self):
        pass
```

这些新增加的代码几乎和Ball类一模一样，只是我们调用了create_rectangle（画长方形），而且我们把长方形移到坐标（200, 300）处。

接下来，在代码的最后，创建一个Paddle类的对象，然后改变主循环来调用球拍的draw函数，如下所示：

```
ball = Ball (cv, "red")
paddle = Paddle (cv, "blue")

while 1:
    ball.draw( )
    paddle.draw( )
    root.update_idletasks( )
    root.update
    time.sleep (0.01)
```

如果现在运行游戏，你应该可以看到反弹小球和一个静止的长方形球拍，如图6.4.3所示。

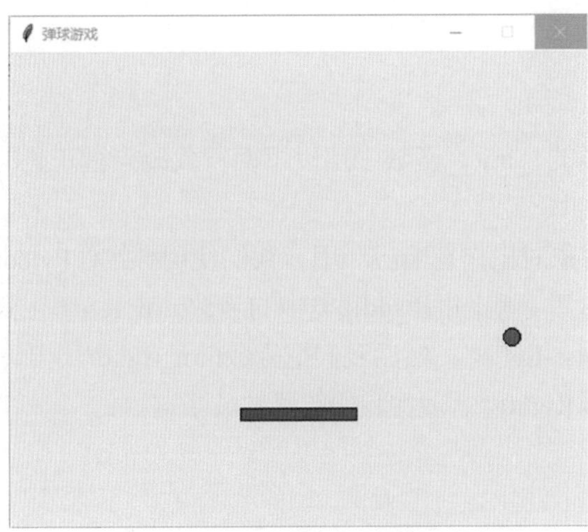

6.4.3　添加球拍后的效果图

(6) 让球拍移动

要想让球拍左右移动，我们要用事件绑定来把左右方向键绑定到Paddle类的新函数上。当玩家按下向左键时，变量x会被设置为－2（向左移），按下向右键时把变量x设置为2（向右移）。

首先要在Paddle类的__init__函数中加上对象变量x，还有一个保存画布宽度的变量，这和我们在Ball类中的做法是一样的：

```
def __init__ (self, cv, color):
    self.canvas = cv
    self.id = cv.create_rectangle (0, 0, 100, 10, fill = color)
    self.canvas.move (self.id, 200, 300)
    self.x = 0
    self.canvas_width = self.canvas.winfo_width( )
```

现在我们需要两个函数来改变向左（turn_left）和向右（turn_right）的方向，我们把它们加在draw函数的后面：

```
def turn_left (self, evt):
    self.x = – 2

def turn_right (self, evt):
    self.x = 2
```

我们可以在类的__init__函数中用以下两行代码来把正确的按键绑定到这两个函数上。

在前面“让对象对操作有响应”里，我们使用绑定让Python在按键按下时调用一个函数。在这里，我们把Paddle类中的函数turn_left绑定到左方向键，它的事件名为"<KeyPress-Left>"；然后我们把函数turn_right绑定到右方向键，它的事件名为"<KeyPress-Right>"。现在我们的函数成了这样：

```
def __init__ (self, cv, color):
    self.canvas = cv
    self.id = cv.create_rectangle (0, 0, 100, 10, fill = color)
```

```
        self.canvas.move (self.id, 200, 300)
        self.x = 0
        self.canvas_width = self.canvas.winfo_width( )
        self.canvas.bind_all ("KeyPress-Left>", self.turn_left)
        self.canvas.bind_all ("KeyPress-Right>", self.turn_right)
```

Paddle类的draw函数和Ball类的差不多：

```
def draw (self):
    self.canvas.move (self.id, self.x, 0)
    pos = self.canvas.coords (self.id)
    if pos [0] < = 0:
        self.x = 0
    if pos [2] > = self.canvas_width:
        self.x = 0
```

我们用画布的move函数在变量x的方向上移动球拍，代码为self.canvas.move (self.id, self.x, 0)，然后，我们得到球拍的坐标来判断它是否撞到了屏幕的左右边界。

球拍并不应该像小球一样弹回来，它应该停止运动，所以，当左边的x坐标（pos [0]）小于或等于0时，我们用self.x = 0来把变量x设置为0；同样地，当右边的x坐标（pos [2]）大于或等于画布的宽度时，我们也要用self.x = 0来把变量x设置为0。

(7) 判断小球是否击中球拍

到目前为止，小球不会撞到球拍上，实际上，小球会从球拍上直接飞过去。小球需要知道它是否撞上了球拍，就像小球要知道它是否撞到了画布边界一样。

我们可以在draw函数里加些代码来解决这个问题，但为了让代码功能更清晰点，我们最好新建一个函数来实现此功能，如hit_paddle函数。

```
def hit_paddle (self, pos):                                          #①
    paddle_pos = self.canvas.coords (self.paddle.id)                 #②
    if pos [2] > = paddle_pos [0] and pos [0] < = paddle_pos [2]:   #③
```

```
        if pos [3] > = paddle_pos [1] and pos [3] < = paddle_pos [3]:
            return True
    return False
```

首先，我们在①处定义这个函数，它有一个参数pos，这一行包含了小球的当前坐标；然后，在②处，我们得到球拍的坐标并把它们放到变量paddle_pos中；③处是我们第一部分的if语句，它的意思是“如果小球的右侧大于球拍的左侧，并且小球的左侧小于球拍的右侧……”。其中pos [2]包含了小球右侧的x坐标，pos [0]包含了小球左侧的x坐标；变量paddle_pos [0]包含了球拍左侧的x坐标，paddle_pos [2]包含了球拍右侧的x坐标。图6.4.4为“小球”与“球拍”的坐标示意图。

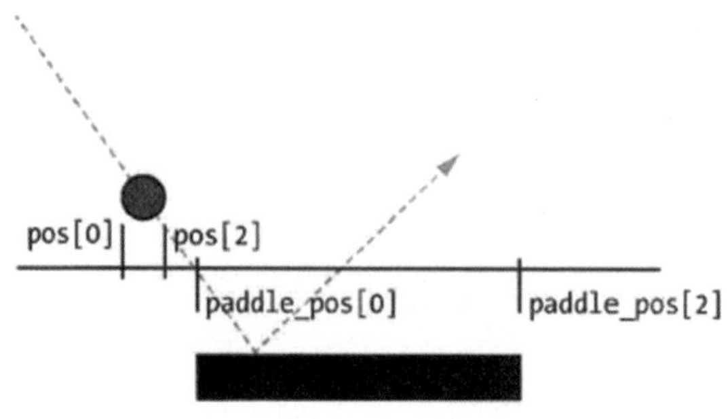

图6.4.4 “小球”与“球拍”的坐标示意图

判断小球是否击打到球拍的函数hit_paddle完成以后，我们需要在Ball类的draw函数中调用，代码如下：

```
def draw (self):
    self.canvas.move (self.id, self.x, self.y)
    pos = self.canvas.coords (self.id)
    if pos [1] < = 0:
        self.y = 3
    if pos [3] > = self.canvas_height:
        self.y = – 3
    if self.hit_paddle (pos) == True:          #①
        self.y = – 3
    if pos [0] < = 0:
```

```
        self.x = 3
    if pos [2] > = self.canvas_width:
        self.x = – 3
```

①处的代码是新增的，如果hit_paddle函数返回True的话，我们把对象变量y值赋为 – 3，从而让它改变方向。

到现在，游戏还不能正常运行，我们还需要修改__init__函数和ball对象，如下：

```
def __init__ (self, cv, paddle, color):        #①
    self.canvas = cv
    self.paddle = paddle                       #②

ball = Ball (cv, paddle, 'pink')               #③
```

① 处我们修改__init__函数的参数，加上球拍paddle。

② 处我们把球拍paddle参数赋值给对象变量paddle。

③ 处我们修改创建小球ball对象的代码。

此时，运行你的程序，当小球撞到球拍时就会反弹了。全部程序如下：

```
from tkinter import *
import random
import time

class Ball:
    def __init__ (self, cv, paddle, color):
        self.canvas = cv
        self.paddle = paddle
        self.id = cv.create_oval (10, 10, 25, 25, fill = color)
        self.canvas.move (self.id, 200, 100)
        starts = [ – 3, – 2, – 1, 1, 2, 3]
        random.shuffle (starts)
        self.x = starts [0]
```

```
        self.y = - 3
        self.canvas_height = self.canvas.winfo_height( )
        self.canvas_width = self.canvas.winfo_width( )

    def hit_paddle (self, pos):
        paddle_pos = self.canvas.coords (self.paddle.id)
        if pos [2] > = paddle_pos [0] and pos [0] < = paddle_pos [2]:
            if pos [3] > = paddle_pos [1] and pos [3] < = paddle_pos [3]:
                return True
        return False

    def draw (self):
        self.canvas.move (self.id, self.x, self.y)
        pos = self.canvas.coords (self.id)
        if pos [0] < = 0:
            self.x = 3
        if pos [2] > = self.canvas_width:
            self.x = - 3
        if self.hit_paddle (pos) == True:
            self.y = - 3
        if pos [1] < = 0:
            self.y = 3
        if pos [3] > = self.canvas_height:
            self.y = - 3

class Paddle:
    def __init__ (self, cv, color):
        self.canvas = cv
        self.id = cv.create_rectangle (0, 0, 100, 10, fill = color)
        self.canvas.move (self.id, 200, 300)
        self.x = 0
        self.canvas_width = self.canvas.winfo_width( )
        self.canvas.bind_all ('<KeyPress-Left>', self.turn_left)
```

```
        self.canvas.bind_all ('<KeyPress-Right>', self.turn_right)

    def draw (self):
        self.canvas.move (self.id, self.x, 0)
        pos = self.canvas.coords (self.id)
        if pos [0] < = 0:
            self.x = 0
        elif pos [2] > = self.canvas_width:
            self.x = 0

    def turn_left (self, evt):
        self.x = – 2

    def turn_right (self, evt):
        self.x = 2

root = Tk (className = "弹球游戏")
root.resizable (0, 0)

cv = Canvas (root, width = 500, height = 400, bd = 0, highlightthickness = 0)
cv.pack( )
root.update( )

paddle = Paddle (cv, "blue")
ball = Ball (cv, paddle, 'pink')

while 1:
    ball.draw( )
    paddle.draw( )
    root.update_idletasks( )
    root.update( )
    time.sleep (0.01)
```

(8) 进一步完善功能

要想让我们的游戏变得更专业，更好玩，程序还需要在以下几方面进行完善：

- 运行程序你会发现，小球撞到画布边界和球拍时都会反弹，但作为游戏，当球拍没有挡住小球（小球撞到画布底部）时应为游戏失败，结束游戏，并要有“游戏结束！”的提示信息；
- 游戏结束时，最好能显示玩家在游戏过程中共接到球的次数等信息；
- 要给游戏添加背景图片。

首先，我们来实现小球撞到画布底部时游戏结束的功能，在Ball类的__init__函数后面增加一个hit_bottom对象变量，如：self.hit_bottom = False。则程序最后的主循环要做如下相应修改：

```
while 1:
    if ball.hit_bottom == False:
        ball.draw( )
        paddle.draw( )
    else:
        messagebox.showinfo (title = '结束', message = "游戏结束！ ")
        break
    root.update_idletasks( )
    root.update( )
    time.sleep (0.01)
```

现在，主循环会不断地检查小球是否撞到了画布的底部，假设小球还没有撞到底部，程序会让游戏一直进行；否则，游戏结束。利用showinfo函数（在代码开始处要导入messagebox库）弹出相应对话框。

那么，当小球碰触到画布底部时，怎么来让游戏结束呢？我们回头看下Ball类中的draw函数，原先的语句中，当小球撞到画布底部时，通过改变y的值来让小球反弹，代码如下：

```
if pos [3] > = self.canvas_height:
    self.y = – 3
```

此时，我们可以将代码修改为让hit_bottom变量值为True，代码如下：

```
if pos [3] > = self.canvas_height:
    self.hit_bottom = True
```

我们通过改变一条if语句来判断小球是否撞到了画布的底部（也就是它是否大于或等于canvas_height）。如果是，将下面一行中的hit_bottom变量设置成True，也就是说，当小球一旦撞到了画布底部，它就不需要再反弹回去，游戏需要结束，如图6.4.5所示。

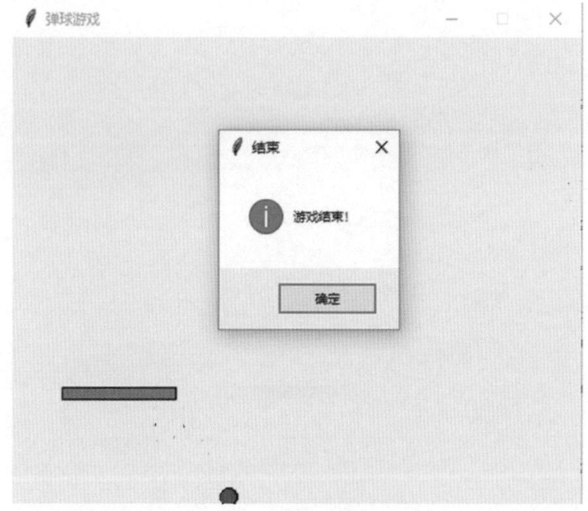

图6.4.5　游戏结束界面

在此基础上，若要在对话框中显示玩家击中小球的次数，程序中需要设定一个参数score来记录次数，在每次判断球拍是否击中小球时，若击中，就让该变量加1。修改Ball类的hit_paddle函数，代码如下：

```
def hit_paddle (self, pos):
    global score
    paddle_pos = self.canvas.coords (self.paddle.id)
    if pos [2] > = paddle_pos [0] and pos [0] < = paddle_pos [2]:
        if pos [3] > = paddle_pos [1] and pos [3] < = paddle_pos [3]:
            score + = 1
            return True
    return False
```

要将击中小球的次数显示出来，还需要修改主循环中的showinfo函数参数，如下所示：

```
messagebox.showinfo (title = '游戏结束', message = "你的分数为：" + str (score) )
```

此时运行你的程序，当游戏结束时，对话框中会显示相应的击中小球的次数以及玩家的分数，如图6.4.6所示。

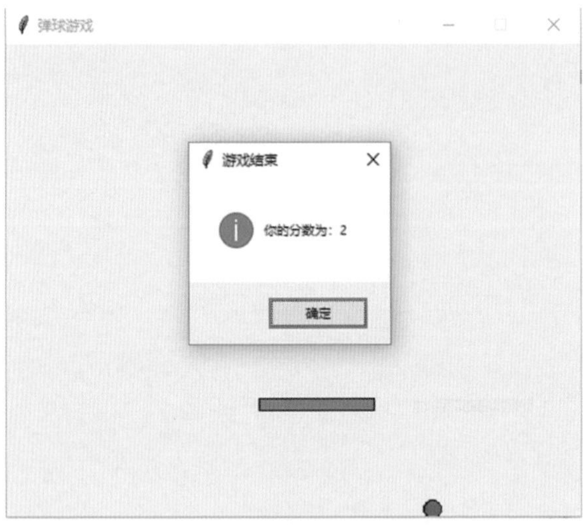

图6.4.6　游戏结束时显示得分

最后，想要让游戏更专业，我们可以为游戏添加背景图片，在创建画布时利用PhotoImage函数添加相应代码，如下所示：

```
my_image = PhotoImage (file = 'bg.gif')
cv.create_image (250, 200, image = my_image)
```

第一行代码是利用PhotoImage函数指定要打开的照片文件名（若没有指定文件的具体路径，默认与程序文件在同一目录下）；第二行代码是使用create_image函数将图片添加到Canvas组件，其中前两个参数(250, 200)为图片放置的坐标，指的是图片中心在画布中的位置（图片与画布的大小都为500×400像素）。

运行你的程序，现在的游戏界面增加了背景图片，如图6.4.7所示。

整个游戏完整的程序如下：

图6.4.7 添加背景图片后的界面

```
from tkinter import *
from tkinter import messagebox
import random
import time

class Ball:
    def __init__ (self, cv, paddle, color):
        self.canvas = cv
        self.paddle = paddle
        self.id = cv.create_oval (10, 10, 25, 25, fill = color)
        self.canvas.move (self.id, 200, 100)
        starts = [ – 3, – 2, – 1, 1, 2, 3]
        random.shuffle (starts)
        self.x = starts [0]
        self.y = – 3
        self.canvas_height = self.canvas.winfo_height( )
        self.canvas_width = self.canvas.winfo_width( )
        self.hit_bottom = False

    def hit_paddle (self, pos):
        global score
```

```
        paddle_pos = self.canvas.coords (self.paddle.id)
        if pos [2] > = paddle_pos [0] and pos [0] < = paddle_pos [2]:
            if pos [3] > = paddle_pos [1] and pos [3] < = paddle_pos [3]:
                score + = 1
                return True
        return False

    def draw (self):
        self.canvas.move (self.id, self.x, self.y)
        pos = self.canvas.coords (self.id)
        if pos [0] < = 0:
            self.x = 3
        if pos [2] > = self.canvas_width:
            self.x = – 3
        if self.hit_paddle (pos) == True:
            self.y = – 3
        if pos [1] < = 0:
            self.y = 3
        if pos [3] > = self.canvas_height:
            self.hit_bottom = True

class Paddle:
    def __init__ (self, cv, color):
        self.canvas = cv
        self.id = cv.create_rectangle (0, 0, 100, 10, fill = color)
        self.canvas.move (self.id, 200, 300)
        self.x = 0
        self.canvas_width = self.canvas.winfo_width( )
        self.canvas.bind_all ('<KeyPress-Left>', self.turn_left)
        self.canvas.bind_all ('<KeyPress-Right>', self.turn_right)

    def draw (self):
        self.canvas.move (self.id, self.x, 0)
```

```
        pos = self.canvas.coords (self.id)
        if pos [0] < = 0:
            self.x = 0
        elif pos [2] > = self.canvas_width:
            self.x = 0

    def turn_left (self, evt):
        self.x = – 2

    def turn_right (self, evt):
        self.x = 2

root = Tk (className = "弹球游戏")
root.resizable (0, 0)
score = 0
cv = Canvas (root, width = 500, height = 400, bd = 0, highlightthickness = 0)
cv.pack( )
my_image = PhotoImage (file = 'bg.gif')
cv.create_image (250, 200, image = my_image)
root.update( )

paddle = Paddle (cv, "green")
ball = Ball (cv, paddle, "red")

while 1:
    if ball.hit_bottom == False:
        ball.draw( )
        paddle.draw( )
    else:
        messagebox.showinfo (title = '游戏结束', message = '你的分数为：" + str
(score) )
        break
    root.update_idletasks( )
```

```
root.update( )
time.sleep (0.01)
```

到目前为止，我们的游戏还算简单，要想让我们的游戏变得更专业，还可以在很多方面进行改进。尝试在以下几个方面来改进一下你的代码，让它变得更好玩。

- 小球和球拍分别用图片来代替。
- 随着游戏的进行，小球的速度越来越快，以增加游戏的难度。
- 游戏一开始，可以让玩家选择游戏的难度，即球拍的长短可以选择。球拍长度越短，击中小球的难度越大。
- 游戏结束时，可以让玩家选择“再玩一次”，游戏可重新开始。
- 可以给游戏添加背景音乐。

附　录

附录A　Python安装

因为Python是跨平台的，它可以运行在Windows、Mac和各种Linux/Unix系统上。在Windows上写Python程序，放到Linux上也是能够运行的。

要开始学习Python编程，首先就得把Python安装到你的计算机里。安装后，你会得到Python解释器（就是负责运行Python程序的），一个命令行交互环境，还有一个简单的集成开发环境。

下面，以在Windows上安装Python为例，介绍Python的安装过程。

首先，从Python的官方网站python.org下载3.x版本。

然后，运行下载的MSI安装包，在选择安装组件的一步时，勾上所有的组件，如图A-1所示。

图A-1　勾选所有的组件

特别要注意选上Add Python 3.7 to PATH，选择“Install Now”，然后一路点“Next”即可完成安装。

默认会安装到C:\Python37目录下，然后打开命令提示符窗口，输入python后，会出现两种情况：

情况一：看到图A-2的画面，就说明Python安装成功！

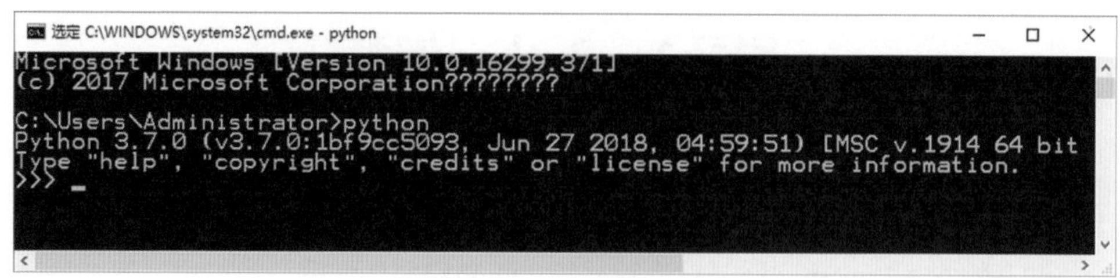

图A-2　Python安装成功界面

你看到提示符>>>就表示我们已经在Python交互式环境中了，可以输入任何Python代码，回车后会立刻得到执行结果。现在，输入exit( )并回车，就可以退出Python交互式环境（直接关掉命令行窗口也可以）。

情况二：得到一个错误。

'python'不是内部或外部命令，也不是可运行的程序或批处理文件。

这是因为Windows会根据一个Path环境变量设定的路径去查找python.exe，如果没找到，就会报错。如果在安装时漏掉了勾选Add Python 3.7 to PATH，那就要手动把python.exe所在的路径C:\Python37添加到Path中（如果你不知道怎么修改环境变量，建议把Python安装程序重新运行一遍，记得勾上Add Python 3.7 to PATH）。

① 在系统变量中找到Path，如图A-3所示。

② 编辑Path值，添加你安装的Python路径，如图A-4所示。

③ 用前面的方法检验Python是否安装配置成功。

附录B　调试程序

既然你已学习了足够的内容，可以编写更复杂的程序，可能就会在程序中发

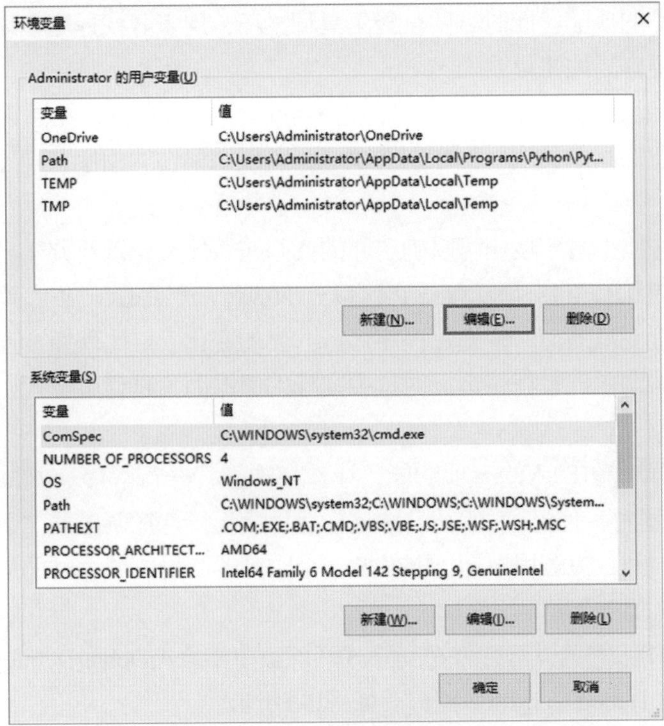

图A-3　环境变量窗口

图A-4　Python添加路径窗口

现不那么简单的缺陷。此时需要一些工具和技巧，用于寻找程序中缺陷的根源，帮助你更快更容易地修复缺陷。

计算机只会做你告诉它的事情，它不会读懂你的心思，做你想要它做的事情。即使专业的程序员也一直在制造缺陷，所以如果你的程序有问题，不必感到沮丧。

好在有一些工具和技巧可以确定你的代码在做什么，以及哪儿出了问题。例如，调试器是IDLE的一项功能，它可以一次执行一条指令，在代码运行时，让你有机会检查变量的值，并追踪程序运行时值的变化。这比程序全速运行要慢得多，但可以帮助你查看程序运行时其中实际的值，而不是通过源代码推测值可能是什么。

“调试器”是IDLE的一项功能，让你每次执行一行程序。调试器将运行一行代码，然后等待你告诉它继续。像这样让程序运行“在调试器之下”，你可以随便花多少时间，检查程序运行时任意一个时刻的变量的值，对于追踪缺陷，这是一个很有价值的工具。

要启用IDLE的调试器，就在交互式环境窗口中点击DebugDebugger，这将打开调试控制（Debug Control）窗口，如图B-1所示。

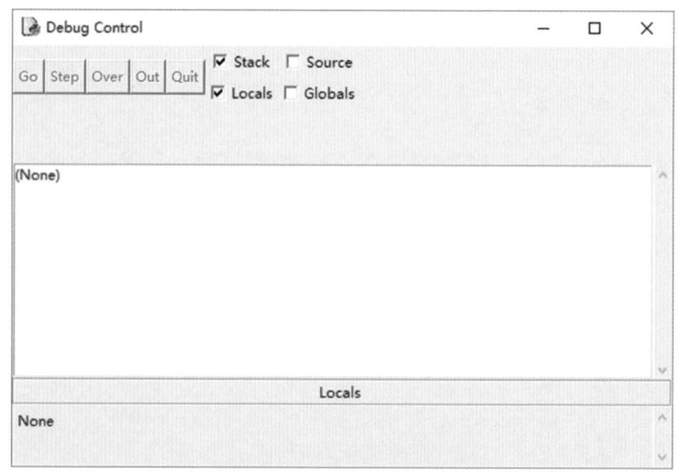

图B-1　调试控制窗口

当调试控制窗口出现后，勾选全部4个复选框：Stack、Locals、Source和Globals，这样窗口将显示全部的调试信息。调试控制窗口显示时，只要你从文件编辑器运行程序，调试器就会在第一条指令之前暂停执行，并显示下面的信息：

• 将要执行的代码行；

• 所有局部变量及其值的列表；

• 所有全局变量及其值的列表。

你会注意到，在全局变量列表中，有一些变量你没有定义，诸如__builtins__、__doc__、__file__，等等。它们是Python在运行程序时自动设置的变量，这些变量的含义超出了本书的范围，你可以自行查阅资料寻找答案。

程序将保持暂停，直到你按下调试控制窗口5个按钮中的一个：Go、Step、Over、Out或Quit。

(1) Go

点击Go按钮将导致程序正常执行至终止，或到达一个“断点”（“断点”可以设置在特定的代码行上，当程序执行到达该行时，它迫使调试器暂停）。如果你完成了调试，希望程序正常继续，就点击Go按钮。

(2) Step

点击Step按钮将导致调试器执行下一行代码，然后再次暂停。如果变量的值发生了变化，调试控制窗口的全局变量和局部变量列表就会更新。如果下一行代码是一个函数调用，调试器就会“步入”那个函数，跳到该函数的第一行代码。

(3) Over

点击Over按钮将执行下一行代码，与Step按钮类似。但是，如果下一行代码是函数调用，Over按钮将“跨过”该函数的代码，该函数的代码将以全速执行，调试器将在该函数返回后暂停。例如，如果下一行代码是print( )调用，你实际上不关心内建print( )函数中的代码，只希望传递给它的字符串打印在屏幕上。出于这个原因，使用Over按钮比使用Step按钮更常见。

(4) Out

点击Out按钮将导致调试器全速执行代码行，直到它从当前函数返回。如果你用Step按钮进入了一个函数，现在只想继续执行指令，直到该函数返回，那就点击Out按钮，从当前的函数调用“走出来”。

(5) Quit

如果你希望完全停止调试，不必继续执行剩下的程序，就点击Quit按钮，Quit按钮将马上终止该程序。

(6) 调试一个数字相加的程序

打开一个新的文件编辑器窗口，输入以下代码：

```
print ('Enter the first number to add:')
first = input( )
print ('Enter the second number to add:')
second = input( )
print ('Enter the third number to add:')
third = input( )
print ('The sum is' + first + second + third)
```

将它保存为Add.py，不启用调试器，第一次运行它。程序的输出像这样：

```
Enter the first number to add:
4
Enter the second number to add:
81
Enter the third number to add:
9
The sum is 4819
```

这个程序没有崩溃，但求和显然是错的。下面我们启用调试控制窗口，再次运行它。

当你按下F5或选择RunRun Module（启用DebugDebugger，选中调试控制窗口的所有4个复选框），程序启动时将暂停在第一行（调试器总是会暂停在它将要执行的代码行上）。调试控制窗口如图B-2所示。

点击一次Over按钮，执行第一个print( )调用。这里应该使用Over按钮，而不是Step，因为你不希望进入到print( )函数的代码中。调试控制窗口将更新到第二行，文件编辑器窗口的第二行将高亮显示，如图B-3所示，这告诉你程序当前执行到哪里。

再次点击Over按钮，执行input( )函数调用，当IDLE等待你在交互式环境窗口中为input( )调用输入内容时，调试控制窗口中的按钮将被禁用。输入4并按回车，调试控制窗口按钮将重新启用。

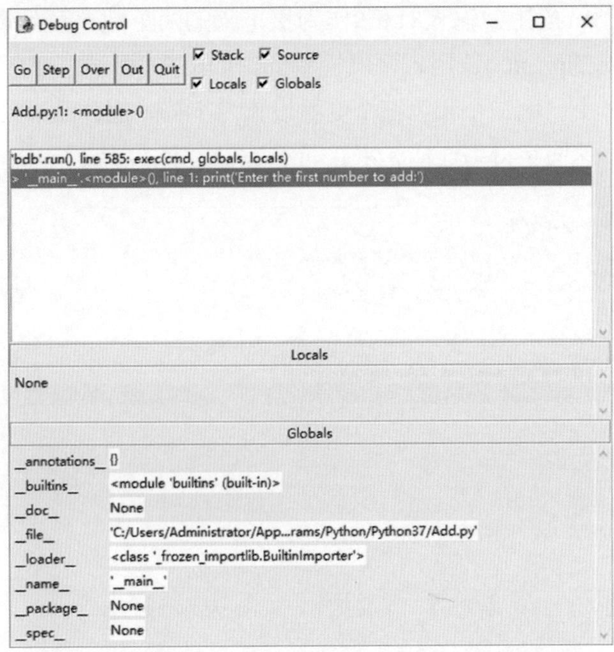

图B-2　程序第一次在调试器下运行时的调试控制窗口

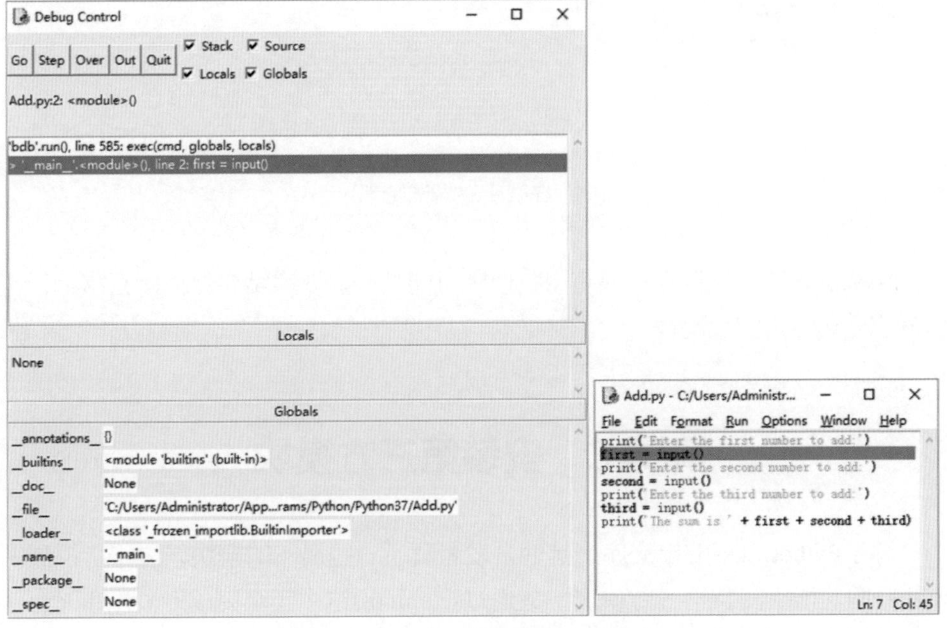

图B-3　点击Over 按钮后的调试控制窗口

继续点击Over按钮，输入81和9作为接下来的两个数，直到调试器位于第7行，程序中最后的print( )调用，调试控制窗口如图B-4所示。可以看到在全局变量的部分，第一个、第二个和第三个变量设置为字符串值，而不是整型值。当最后一行执行时，这些字符串连接起来，而不是加起来，导致了这个缺陷。

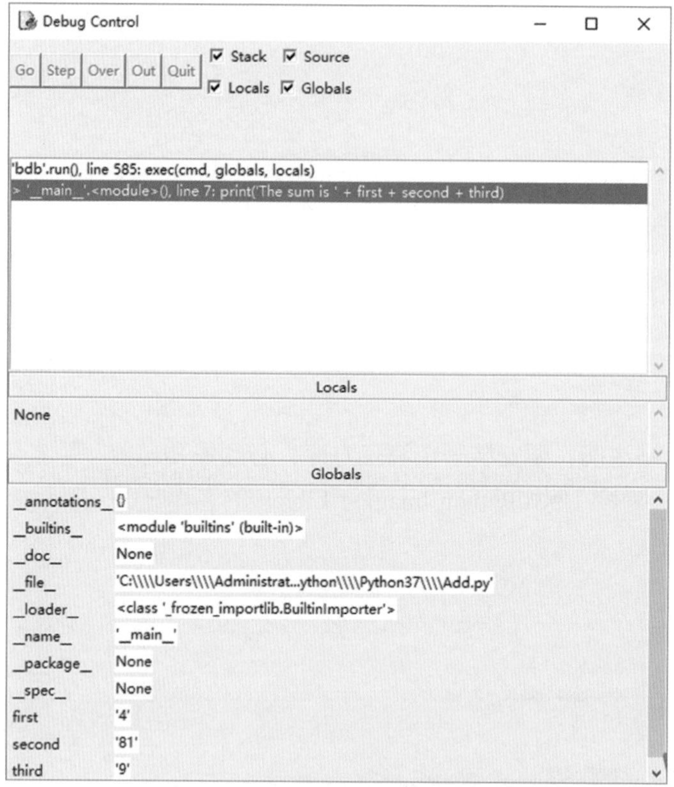

图B-4　在第7行的调试控制窗口

用调试器单步执行程序很有用，但也可能很慢。你常常希望程序正常运行，直到它到达特定的代码行。

附录C　安装第三方模块

除了Python自带的标准库，其他开发者写了一些自己的模块，进一步扩展了Python的功能。安装第三方模块，是通过setuptools这个工具完成的。Python有两个封装了setuptools的包管理工具：easy_install和pip。目前官方推荐使用pip。

如果你正在使用Mac或Linux，安装pip本身这个步骤就可以跳过了。

如果你正在使用Windows，请参考附录A“Python安装”的内容，确保安装时勾选了pip和Add python.exe to Path。

在命令提示符窗口下尝试运行pip，如果Windows提示未找到命令，可以重新运行安装程序添加pip。

pip工具需要在命令行中运行：向它传入install命令，install命令之后跟上想要安装的模块名称。例如，在Windows上，会输入pip install ModuleName，其中ModuleName是模块的名称。

如果你已经安装了模块，但想升级到PyPi上提供的最新版本，就运行pip install–U ModuleName。

安装模块后，可以在交互式环境中运行import ModuleName，测试安装是否成功。如果未显示错误信息，就可以认为该模块已经成功安装。

现在，让我们来安装一个第三方库——Python Imaging Library，这是Python下非常强大的处理图像的工具库。一般来说，第三方库都会在Python官方的pypi.python.org网站注册，要安装一个第三方库，必须先知道该库的名称，可以在官网或者PyPi上搜索，例如Python Imaging Library的名称叫PIL，因此，安装Python Imaging Library的命令就是：

```
pip install PIL
```

耐心等待下载并安装后，就可以使用PIL了。

有了PIL，处理图片易如反掌，图片生成缩略图示例如下：

```
>>> import Image
>>> im = Image.open ('test.png')
>>> print im.format, im.size, im.mode
PNG (400, 300) RGB
>>> im.thumbnail ( (200, 100) )
>>> im.save ('thumb.jpg', 'JPEG')
```

其他常用的第三方库还有很多，如运行下面列出的命令，你可以安装相关模块。

- pip install send2trash

• pip install requests
• pip install beautifulsoup4
• pip install selenium
• pip install openpyxl
• pip install PyPDF2
• pip install python-docx（安装python-docx，而不是docx）
• pip install imapclient
• pip install pyzmail
• pip install twilio
• pip install pillow
• pip install pyobjc-core（仅在OS X上）
• pip install pyobjc（仅在OS X上）
• pip install python3-xlib（仅在Linux上）
• pip install pyautogui

附录D　【动手试试】答案

第1章

1.1 利用ProcessOn软件绘制如图D-1的流程图。

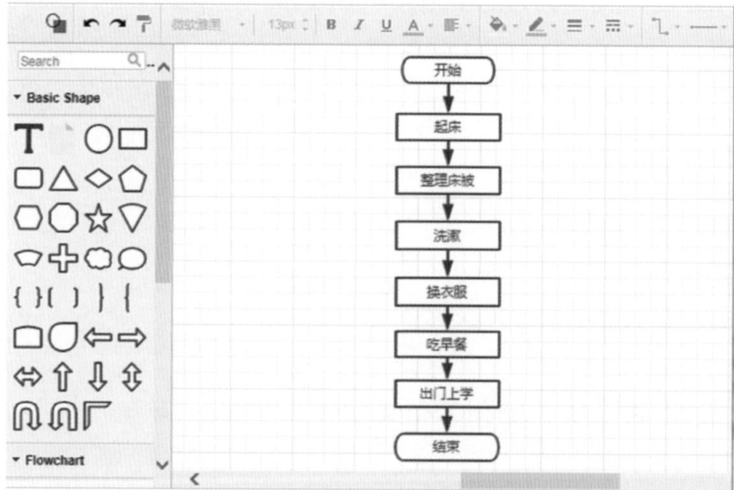

图D-1　绘制“起床-上学”的算法流程图

1.2 ①

*	运算符
'hello'	值
– 88.8	值
–	运算符
/	运算符
+	运算符
5	值
True	值

②

5 + 3 / 4	5.75
'hello' + 'Hello'	'hello Hello'
– 88.8 * 5 + 88 * 6	84.0
(2 + 3) / 5	1.0
123456789 * 987654321	121932631112635269
'hello' * 5	'hellohellohellohellohello'

第2章

2.1 Hello world!

What is your name?

王晓敏

It is good to meet you, 王晓敏

2.2 ①

spam	变量
'spam'	字符串
"week"	字符串
week	变量

②

s_sum	有效
flag_name_5	有效
2_sum	无效
we5ek	有效
w@name	无效
Speed	有效

③ 原因：数字和字符串不能用"+"运算符连接。

修改：将数字99转换成字符串，如'99'。

④ m = int (input ("输入重量："))

k = int (input ("输入单价："))

t = m * k

print ("重量：", m, "单价：", k, "金额：", t)

⑤ x = float (input ("输入汽油升数："))

t = x/73.8

c = 2.4 * x

m = 4.9 * x

print ("石油桶数：", t, "产生的二氧化碳：", c, "生产成本：", m)

⑥ C = float (input ("请输入要转换的摄氏温度值："))

F = 1.8 * C + 32

print ("对应的华氏温度为：", F)

第3章

3.1

23 > 3	True
5 == 9	False
6 < 18	True
8 ! = 9	True
(5 > 4) and (3 == 5)	False
not (5 > 4)	False
(5 > 4) or (3 == 5)	True
not ((5 > 4) or (3 == 5))	False
(True and True) and (True == False)	False
(not False) or (not True)	True
"h" in "Hello"	False

3.2 ① eggs

>>>

② age = int (input ("输入你的年龄："))

if age > = 18:

print ("你已成年！")

③ name = input ("输入你的英文名字：")

if name == "Alice":

```
    print ("Alice，你好！")
```

3.3 ① spam

```
>>>
```

②

```
age = int (input ("输入你的年龄："))
if age > = 18:
    print ("你已成年！")
else:
    print ("你未成年！")
```

③

```
name = input ("输入你的英文名字：")
if name == "Alice":
    print ("Alice，你好！")
else:
    print (name, "你好！")
```

3.4 ①

```
num = int (input ("输入一个数："))
if num == 28:
    print ("相等")
elif num < 28:
    print ("数字太小")
else:
    print ("数字太大")
```

②

```
spam = 2
if spam == 1:
    print ("Hello")
elif spam == 2:
    print ("Howdy")
else:
    print ("Greetings")
```

③

```
numA = 3
numB = 4
numC = 5
numD = 6
```

```
if numA > numB and numA > numC and numA > numD:
    print ("numA是最大的数")
elif numB > numA and numB > numC and numB > numD:
    print ("numB是最大的数")
elif numC > numA and numC > numB and numC > numD:
    print ("numC是最大的数")
else:
    print ("numD是最大的数")
```

第4章

4.1 ① 'cats'

② ['apples', 'bananas']

③ ['apples', 'bananas', 'tofu', 'cats', 99]

④ 1

⑤ ['apples', 'bananas', 'tofu']

4.2 ①

```
w = int (input ("输入你的体重："))
for i in range (1, 16):
    w = w + 1
    print (w * 0.165)
```

② [5, 9, 13, 17]

③ [3, 4, 5, 6]

④

```
s = 0
for i in range (1, 101):
    if i%2 == 0:
        s = s + i
print (s)
```

或：

```
s = 0
for i in range (2, 101, 2):
    s = s + i
print (s)
```

⑤

```
num = int (input ("请输入要显示乘法表的数："))
```

```
print (num, "对应的乘法表为：")
for i in range (1, 10):
    print (num, "*", i, "=", num * i)
```

⑥
```
num = int (input ("请输入要显示乘法表的数："))
j = int (input ("请输入要乘的最大数："))
print (num, "对应的乘法表为：")
for i in range (1, j + 1):
    print (num, "*", i, "=", num * i)
```

4.3 ①
```
sum = 0
i = 1
while i < = 100:
    if i%2 == 0:
        sum = sum + i
    i = i + 1
print (sum)
```

或：

```
sum = 0
i = 2
while i < = 100:
    sum = sum + i
    i = i + 2
print (sum)
```

②
```
sock = " "
while sock ! = "quit":
    sock = input ("输入你喜欢的零食名称（输入'quit'退出）：")
    if sock ! = "quit":
        print (sock, "零食是你的最爱！")
```

③
```
while True:
    age = int (input ("输入你的年龄："))
    if age < 3:
        print ("免票")
    elif age < = 12:
```

```
        print ("票价20元")
    else:
        print ("票价45元")
```

④
```
num = int (input ("请输入要显示乘法表的数："))
j = int (input ("请输入要乘的最大数："))
print (num, "对应的乘法表为：")
i = 1
while i < = j:
    print (num, "*", i, "=", num * i)
    i = i + 1
```

⑤ a.
```
rat1 = 100
rat11 = rat1 * 1.25
rate1 = 0.08
i = 0
while rat1 < rat11:
    rat1 = rat1 * (1 + rate1)
    i = i + 1
print (i)
```

b.
```
rat1 = 100
rat2 = 100
rate1 = 0.08
rate2 = 0.05
i = 0
while rat1 < rat2 * 1.3:
    rat1 = rat1 * (1 + rate1)
    rat2 = rat2 * (1 + rate2)
    i = i + 1
print (i)
```

⑥
```
s = " "
while s ! = "quit":
    s = input ("输入任意字符串（输入'quit'退出）：")
    if s ! = "quit":
        print ("输入的字符串长度为：", len (s))
```

⑦
```
s = input ("输入任意字符串：")
i = len (s)
d = " "
while i > 0 and len (d) < 5:
    if s [i – 1] not in d:
        d = d + s [i – 1]
    i = i – 1
if len (d) < 5:
    print ("找不到5个字母")
else:
    print (d)
```

4.4 ①
```
for i in [22, 16, 24, 5, 17, 56, 28]:
    if i % 2 == 1:
        break
print (i)
```

②
```
while True:
    age = int (input ("输入你的年龄：") )
    if age == 0:
        break
    if age < 3:
        print ("免票")
    elif age < = 12:
        print ("票价20元")
    else:
        print ("票价45元")
```

4.5 ①
```
for i in range (1, 8):
    s = " "
    for j in range (0, i):
        s = s + "T"
    print (s)
```

②
```
for i in range (1, 8):
```

```
    s = " " * (7 - i)
    for j in range (0, i):
        s = s + "T"
    print (s)
```

③ (1)
```
i = 1
while i < 8:
    s = " "
    j = 0
    while j < i:
        s = s + "T"
        j = j + 1
    print (s)
    i = i + 1
```

(2)
```
i = 1
while i < 8:
    s = " " * (7 - i)
    j = 0
    while j < i:
        s = s + "T"
        j = j + 1
    print (s)
    i = i + 1
```

④
```
for i in range (1, 10):
    for j in range (1, i + 1):
        print ("%d * %d = %2d" % (i, j, i * j), end = " ")
    print (" ")
```

第5章

5.1 ① (1) 采用5个参数的形式

```
def pp (name, sex, city, province, country):
    print ("姓名：", name)
    print ("性别：", sex)
    print ("城市：", city)
```

```
        print ("省份：", province)
        print ("国家：", country)
        return
```

(2) 采用列表参数的形式

```
    def pp (aa):
        print ("姓名：", aa [0] )
        print ("性别：", aa [1] )
        print ("城市：", aa [2] )
        print ("省份：", aa [3] )
        print ("国家：", aa [4] )
        return
```

②

```
def total (i, j, k):
    total1 = i * 0.01 + j * 0.02 + k * 0.05
    return total1
m = 6
n = 5
l = 7
print ("一分币：", m)
print ("二分币：", n)
print ("五分币：", l)
print (" ")
print ("总面值（元）：", total (m, n, l) )
```

③ (1)

```
def f (n):
    n1 = 1
    n2 = 1
    count = 2
    if n == 1 or n == 2:
        print ("斐波那契数列：")
        print (n1)
    else:
        print ("斐波那契数列：")
        print (n1, n2, end = " ")
        while count < n:
```

```
            nth = n1 + n2
            print (nth, end = " ")
            n1 = n2
            n2 = nth
            count + = 1
```

(2)
```
def f (n):
    n1 = 1
    n2 = 1
    count = 2
    if n == 1 or n == 2:
      print (n1)
    else:
      while count < n:
          nth = n1 + n2
          n1 = n2
          n2 = nth
          count + = 1
      print (nth)
```

④
```
def pr (n, flag):
    nn = n
    if flag == True:
      nn = n * 0.9
    return nn
```

⑤ 对于num = 5，该函数求5 * 4 + 4 * 3 + 3 * 2 + 2 * 1 + 1 * 0的和，结果为40。

⑥ 函数funl (x)内的a列表属于局部变量，funl (2)调用输出[1, 2]；函数外的列表a属于全局变量，后面的输出语句输出的是该列表的元素，即[2, 3, 4]。

⑦
```
def Collatz (number):
    if number%2 == 0:
       number = number//2
    else:
      number = 3 * number + 1
```

```
    print (number)
    return number
num = int (input ("请输入一个整数："))
while num != 1:
    num = Collatz (num)
```

5.2 ①

```
class Restaurant( ):
    def __init__ (self, name, ty):
        self.name = name
        self.ty = ty

    def describe (self):
        print (self.name, self.ty)

    def open (self):
        print ("餐馆正在营业！")

restaurant = Restaurant ("好口味餐厅", "中餐厅")
print ("名称：" + restaurant.name + "，类型：" + restaurant.ty)
restaurant.describe( )
restaurant.open( )
```

②

```
class User( ):
    def __init__ (self, first_name, last_name):
        self.name1 = first_name
        self.name2 = last_name

    def describe_user (self):
        print (self.name1, self.name2)

    def greet_user (self):
        print ("你好！")

user1 = User ("王", "晓敏")
```

```
user1.describe_user( )
user1.greet_user( )

user2 = User ("赵", "勇刚")
user2.describe_user( )
user2.greet_user( )
```

③

```
class Rectangle( ):
    def __init__ (self, left, top, right, bottom):
        self.left = left
        self.top = top
        self.right = right
        self.bottom = bottom

    def getPerimeter (self):
        Perimeter = (self.bottom-self.top+self.right-self.left) * 2
        print ("周长为：", Perimeter)

    def getArea (self):
        Area = (self.bottom-self.top) * (self.right-self.left)
        print ("面积为：", Area)

rec1 = Rectangle (20, 30, 100, 120)
rec1.getPerimeter( )
rec1.getArea( )

rec2 = Rectangle (50, 20, 130, 150)
rec2.getPerimeter( )
rec2.getArea( )   return nn
```

5.3 ①

```
from random import *
a = [ ]
```

```
for i in range (5):
    gn = randint (1, 20)
    a.append (gn)
print (a)
```

②
```
from math import *
r = float (input ("请输入圆的半径r："))
l = 2 * pi * r
s = pi * pow (r, 2)
print (l, s)
```

③
```
import time
import datetime

def Caltime (date1, date2):
    date1 = time.strptime (date1, "%Y-%m-%d")
    date2 = time.strptime (date2, "%Y-%m-%d")
    date1 = datetime.datetime (date1 [0], date1 [1], date1 [2] )
    date2 = datetime.datetime (date2 [0], date2 [1], date2 [2])
    return date2-date1

dt1 = input ('请输入较早日期(格式例：xxxx-xx-xx)：')
dt2 = input ('\n请输入较晚日期(格式为：xxxx-xx-xx)：')
print (Caltime (dt1, dt2))
```

第6章

6.1 ①
```
import turtle
turtle.screensize (800, 600, "green")
t = turtle.Pen( )
t. pencolor ("red")
for x in range (1, 9):
    t.fd (100)
    t.lt (45)
```

② 图形如下：

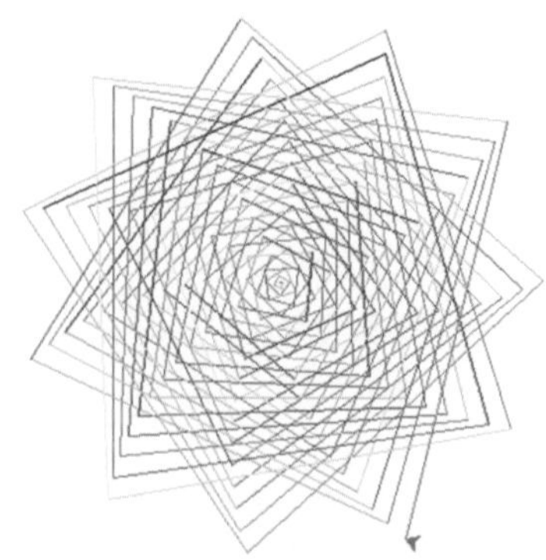

③ 图形如下：

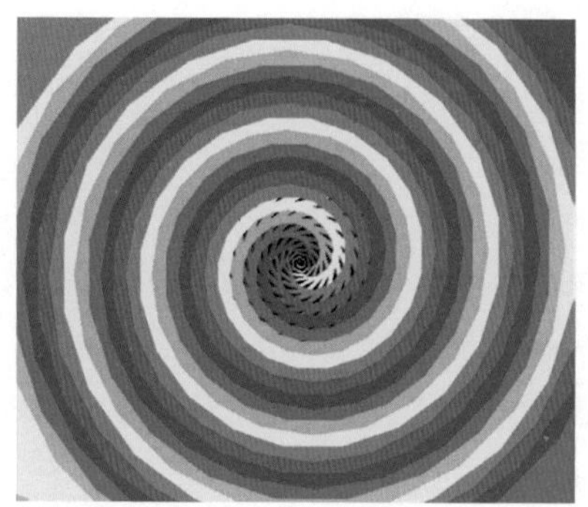

6.2 from tkinter import *

```
def btnClicked( ):
    week = ["星期一", "星期二", "星期三", "星期四", "星期五", "星期六", "星期日"]
    cd = int (entryCd.get( ) )
    label2.config (text = week [cd – 1] )

root = Tk (className = "星期显示")
entryCd = Entry (root, text = "0")
btnCal = Button (root, text = "显示", command = btnClicked)
label1 = Label (root, text = "请输入一个整数（1-7）：", height = 2, width = 20, fg = "blue")
label2 = Label (root, text = " ", height = 2, width = 20, fg = "blue")
```

```
label1.pack( )
entryCd.pack( )
btnCal.pack( )
label2.pack( )

root.mainloop( )
```

6.3 ①
```
import time
from tkinter import *
root = Tk( )

cv = Canvas (root, height = 200, width = 400)
cv.create_polygon (10, 10, 10, 60, 50, 35)
cv.pack( )
for x in range (0, 60):
    cv.move (1, 5, 0)
    root.update
    time.sleep (0.05)
for x in range (0, 20):
    cv.move (1, 0, 5)
    root.update
    time.sleep (0.05)
for x in range (0, 60):
    cv.move (1, – 5, 0)
    root.update
    time.sleep (0.05)
for x in range (0, 20):
    cv.move (1, 0, – 5)
    root.update
```

② 略

6.4 略

参考文献

[1] 张志强，赵越. 零基础学Python [M]. 北京：机械工业出版社，2015.

[2] 孙广磊. 征服Python [M]. 北京：人民邮电出版社，2007.

[3] 吴萍. 算法与程序设计基础[M]. 北京：清华大学出版社，2016.

[4] William F.Punch, Richard Enbody. Python入门经典[M]. 张敏，译. 北京：机械工业出版社，2012.

[5] Jason Briggs. 趣学Python编程[M]. 尹哲，译. 北京：人民邮电出版社，2014.

[6] Warren Sande, Carter Sande. 父与子的编程之旅[M]. 苏金国，易郑超，译. 北京：人民邮电出版社，2014.

[7] AI Sweigart. Python游戏编程快速上手[M]. 李强，译. 北京：人民邮电出版社，2016.

[8] AI Sweigart. Python编程快速上手[M]. 王海鹏，译. 北京：人民邮电出版社，2016.

[9] Jenniler Campbell, Paul Grios. Python编程实践[M]. 唐学韬，译. 北京：机械工业出版社，2012.